全植物健康烘焙

无蛋奶、无麸质的
纯天然配方

许馨文 著

中国轻工业出版社

作者序

和点心密不可分的人生

从有记忆开始，我就是个深爱点心的人。从最简单的苏打饼干，到比较丰富的巧克力棒，几乎每天都有点心的陪伴。直到现在，我还是天天享用点心。

大学二年级才开始接触烘焙，通过网络与外文书籍自学传统的法式甜点，开启了我的烘焙与食谱创作之路。那段时间，我的冰箱被甜点和点心填满了，但那时全部都是动物性食品。

2018年，因为看到了许多与素食相关的影片，才领悟到人们对动物生命的伤害与剥夺，决心转变成素食（素食主义：是一种哲学和生活方式，尽可能排除对动物的剥削与虐待），毅然放弃所有动物性食品，也让我的点心选择变少，原本熟悉的传统蛋奶烘焙也落为无用之处。

但是，我认为没有任何一个人生应该缺少点心，何不自己动手做呢？这就开启了我制作全植物点心与料理的创作人生。

从最简单的能量球（Energy Balls）开始，到融入科学的烘焙：饼干、派、蛋糕，都是全植物的食材。没有蛋奶、没有动物食品的点心，一样可以很美味！而放下蛋奶的我，也感觉在创作路上有更多的想法，跳出传统框架。

我的素食旅程

“我绝对不可能变成素食者，那样太极端了。”大约在5年前，我还是这么想的。过去的我深爱蛋奶制品，对素食并不了解，只是觉得它好像是很极端的饮食，直到一次契机，让我看到了国外动物权益保护者的街头访问影片，才开始渐渐了解素食的理念：不想让动物受伤害。

就像看影集那样连续看了两天一连串的动物权益相关影片，让我明白超市里的肉、蛋、牛奶等动物性食品，都充斥着对动物生命的伤害和剥夺，我明白是时候该改变，让自己的行为与良知吻合，也就开始了素食旅程。

从担心不知道要吃什么，到发现素食料理的多变，自己动手与动脑创作出特别的素食料理与点心，转变成素食者，真的让我感觉像重生一样，认识好多不了解的食材，品尝从来没吃过的料理。

很多人可能像我以前一样，对素食有所偏见，我希望分享我的故事来让你了解："I've been there（我曾经这样过，所以我知道你的感受）。"但是我在得知更多信息后做出了改变，也在我变成素食者之后，发现饮食比以前更丰富，更有新意。希望这本书能让你发现，素食饮食也可以非常多彩、多变与营养。

我的健康饮食观

点心对我来说非常重要，因此我更想让它富含营养，不仅能满足口欲，同时也能让身体与大脑在忙碌的生活中得到适时补给。如果饿着肚子、想着食物，是无法专心完成工作的，尤其是在上午和下午。动脑时的我常需要一些"精神食粮"，或是单纯想要吃些东西。

一般的点心可能没办法提供身体满足感，于是我就想到要做营养密度高的点心，刚好那时发现了当时欧美正流行的"能量球"，也就开始动手尝试。不过大部分能量球食谱都感觉差不多，没有什么变化，吃久了也会腻，爱尝鲜的我，也就开始使用特别的食材（豆腐）、我爱的食材（花生酱、巧克力）创作一些特别、创新的口味，让点心不仅是个两餐之间的食物，而是丰富美味，让身心都得到疗愈、充电的"营养点心"。

虽然这本书主打营养点心，但是我坚持不列出营养成分表。因为基于我多年来的经验，发现真的不需要知道那些细节的数字来使自己变得"健康"，事实上，太着重于数字，反而会影响到心理

健康，而心理健康常常被忽略。

在过去，我曾一度在心里默算食物的热量，想着该做什么运动才能消耗掉它们。但这样反而使我失去了当下，忽略了许多我该享受的事物：与家人、朋友一起用餐的时光，让我一直深爱的点心，或是第一次吃到的惊艳美味料理。这一切，远比计算热量或是营养来得更加重要。

那一段时间里，我时常因为在意自己多吃或是少吃而影响心情，有时还会采取一些极端做法，导致严重的饮食失调，从计算热量、节食、暴食、健康食品痴迷症（Orthorexia），到过度运动。回首过去，我可以告诉你，那时的我一点也不健康，也不快乐。

我并不否认，每一样食物本身的营养价值不同，而我们的身体需要不同的营养素，因此我建议以大方向去看待饮食，而非天天埋没于计算数字，或是担心害怕任何食物。

我的健康饮食观，就是尽可能大部分选择蔬果，以及营养价值高的植物性食物，但若我想吃某样东西，可以同时不带任何歉意地享用，不让任何数字、任何食物左右心情，吃过后不会有任何的弥补性行为或是罪恶感。

食物并没有所谓的道德价值（Moral Values）、没有“好”“坏”，而现在社会中听到的，大多是受根深蒂固的减肥文化影响，对食物擅自加上的主观想法。现在的我，脑中并没有任何**“禁止食物”**或是**“罪恶食物”**，是我感到最健康、最自在的状态，也希望能让更多人体会到这种不受约束的快乐。

由你自己决定享用分量

大多数食谱中会写“几人份”，但是这好像在暗示人们“这是你应该吃的分量”，这感觉并不合乎人情和常理，毕竟每个人的身体都不同，每天的活动量也不同，因此应该要听身体当下的声音来调整食用分量，而非没有生命力的白纸黑字，或是别人的标准。

因此本书里的食谱分量都是成品实际制作出的大概产量，由你自己决定想要吃的分量，也希望通过此操作，能让你更用心去感受你的身体，品味当下。

希望在看完这本书后，你的收获不仅是美味的食谱与点心，还包含善待自己，珍视每一个人生的时刻。

Be true to you and to myself，always.

許馨文

CONTENTS 目录

工具使用介绍…… 10
常用材料介绍…… 14

CHAPTER 1

活力能量早餐

伯爵茶苹果能量棒 免烤…… 22
杂粮种子饼干…… 26
红薯比利时松饼…… 28
碧根果肉桂能量球 免烤…… 30
咸香姜黄燕麦片…… 32
荞麦种子青葱谷物面包…… 34
咖啡小豆蔻燕麦粥 免烤…… 38
蓝莓椰香糙米玛芬…… 40
巧克力抹茶能量棒 免烤…… 42
巧克力燕麦美式松饼…… 44

CHAPTER 2

午间充电小点

巧克力豆燕麦饼干…… 48
蒜香点心棒…… 52
可可覆盆子奇亚籽布丁 免烤…… 54
意式香料脆饼…… 56
胡萝卜葡萄干燕麦块 免烤…… 58
香橙玛德莲…… 60
罗勒脆饼…… 64
蔓越莓椰子球 免烤…… 66
巧克力开心果脆块…… 68
咸香咖喱点心球 免烤…… 70

CHAPTER 3

加班能量补给

辣椒芝士脆饼…… 74
咖啡核桃能量球 免烤…… 78
椒盐亚麻籽饼干…… 80
香蕉奇亚籽能量棒…… 82
姜黄枸杞小方糕…… 84
泰式酸辣腰果球 免烤…… 86
黑芝麻司康…… 90
迷迭香脆饼…… 92
藜麦种子脆块…… 94
黑糖姜味饼干…… 96

CHAPTER 4
运动营养点心

甜菜根芝麻能量球 免烤…… 100
花生酱燕麦饼干…… 104
高蛋白奇亚籽燕麦杯 免烤…… 106
黑糖黄豆粉能量球 免烤…… 108
花生椰子块…… 110
番茄胡椒脆饼…… 114
薄荷柠檬能量球 免烤…… 116
高蛋白鹰嘴豆布朗尼…… 118
全植物芝士马铃薯条…… 120
抹茶鹰嘴豆饼干面团球 免烤…… 124
无花果核桃能量棒 免烤…… 126
双倍巧克力能量球 免烤…… 130
高蛋白可可花生块 免烤…… 132

CHAPTER 5
重磅能量甜点

南瓜巧克力布朗尼…… 138
夏威夷果沙布雷酥饼…… 142
小豆蔻咖啡香蕉蛋糕…… 144
辣椒巧克力慕斯杯 免烤…… 148
桂圆核桃派…… 150
苹果香料蛋糕…… 152
摩卡巧克力蛋糕…… 154

工具使用介绍

ABOUT THE BAKING TOOLS

本书使用的工具虽然不多，看似单纯，但还是暗藏了许多选购和使用上的窍门。在这个单元，我将详细介绍本书使用的工具和模具，希望大家在制作的时候，不会因为小细节没注意到，或不知道使用诀窍而手忙脚乱。

食物料理机

食物料理机（Food Processor）是这本食谱书最常用到的器具，它可以用来切碎、搅打、混合食材。市面上有不同种类的食物料理机，也有一些手持料理棒可搭配食物料理机的料理碗，基本上有S形刀片的就可以，也可以依个人习惯制作的分量来选购。另外也有一些食物料理机附有刨丝、切片的配件，若平常使用率高，也可以选择高阶的食物料理机。

本书食谱制作出的分量都不算太多，所以建议选购中小型（3.5~7杯，即875~1750毫升）的食物料理机。用太大的食物料理机处理少量食材时，反而容易因搅打不到而让食材空转，这时就须要停下来刮杯。如果你已经有比较大的食物料理机，可以将食材数量乘倍数制作。

食物料理机无法用果汁机替代，因为果汁机需要较多的液体才能搅动循环，用果汁机制作能量球或能量棒容易搅打不均匀，也会影响最后的口感。食物料理机目前在市面上已经很普遍，便宜的就够用了。如果常做的话，建议可以选性能更好一点的。

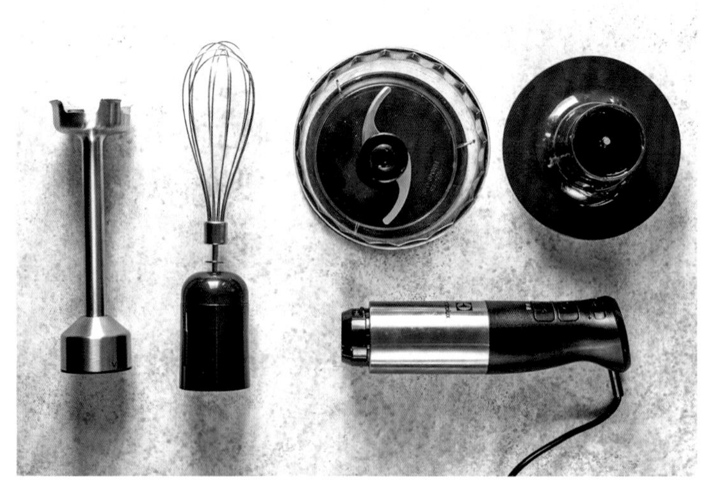

食物料理机（含料理棒）

研磨机

有时也被称为磨豆机或是香料研磨机。一般市售的研磨机常被用来磨咖啡豆或是香料，但是用它来磨燕麦粉和杏仁粉也非常好用。要注意的是，如果是研磨坚果这类油脂较丰富的食材，切记不要磨太久，否则容易出油而影响粉的质地。

但是这种家用的研磨机通常只能磨燕麦粉和坚果粉，无法磨原料更坚硬的谷粉。若想自己磨谷粉，需要专业磨小麦面粉的石磨机。

食物破壁机

食物破壁机算是果汁机的进阶版，它可以把食材搅打得更细致，不仅可以拿来打果汁，也可以打酱料、松饼糊、蛋糕糊等，本书中也有用它来制作蛋糕的腰果奶霜。

食物破壁机市面上也有分高、中、低阶，如果是要处理坚果的话，通常是中高阶的机种才能打到非常细腻。一些较高阶，功率足够的果汁机也可以达到相同效果。

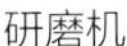

研磨机

食物破壁机

模具（烤模）

模具不仅能拿来烘焙，也能用来制作一些免烤点心。本书中最常使用到的是8寸长方形模具，其次是6寸，可以用来制作能量棒、布朗尼、植物蛋白棒，以及方块状的点心等。

其次是蛋糕模和派盘/塔模，这2种我都建议选购分离式的模具（底盘与模体可分开），会比较容易脱模。尺寸建议选择常见的6寸与8寸，另外如果你喜欢做一些较厚的派，也可以购入加高的派盘。另外还有一些造型比较丰富的模具，像是咕咕霍夫模、中空模等，可以视个人喜好加购。

长方形烤盘是做饼干和一些较大块状饼干的好帮手，一般购买烤箱时就会附赠烤箱专用烤盘，用它来制作饼干就可以了。另外如果你也喜欢做一些较大块状或是棒状的点心［如本书中的藜麦种子脆块（P. 94）］，也可以买10寸长方形烤盘。

烘焙纸 / 烘焙烤垫

烘焙纸与烘焙烤垫是烘焙必需品。烘焙纸除了能用于烘焙外，因为它的防粘质地，也是制作一些免烤点心的大帮手。一般分为牛皮原色与白色，都可以使用。

至于烘焙烤垫，我建议做烘焙的人都可以购入，因为它可以重复使用，除了环保之外，也能让烘焙食材受热比较均匀。不仅可以用在甜点、点心烘焙，也能用于一般料理烘烤蔬果。

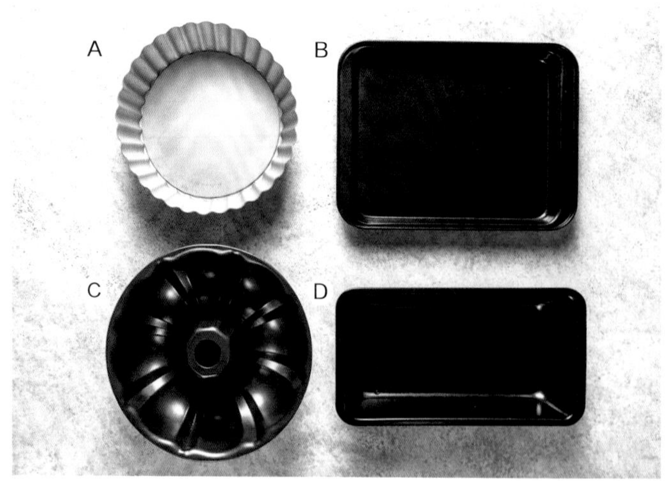

A 菊花派盘　B 长方形烤盘　C 咕咕霍夫模　D 长方形模

烘焙纸和烤垫

硅胶刮刀

硅胶刮刀是我相见恨晚的工具之一，它在烘焙或是免烤食谱中都非常实用，除了拌匀面糊外，也可以在制作能量棒等点心时用来压实食材。此外它也可以把容器里的食材刮得非常干净，避免浪费。

硅胶刮刀在烘焙店、超市和大卖场可以买到。硅胶刮刀也分软硬，建议买软度适中的，不要买偏软或是偏硬的，在制作点心时好操作，灵活度也较大。

量匙

量匙是烘焙必备品，它是用来计量比较少量，一般的秤无法准确称出重量的食材。因为比较方便，也用于一些不必精准称量的配料或装饰配料。

量匙常用2个单位：汤匙（Tbsp）和茶匙（tsp）。两者换算关系为1汤匙（Tbsp）=3茶匙（tsp）=15毫升。量匙一般包含：1汤匙（15毫升）、1茶匙（5毫升）、1/2茶匙（2.5毫升）、1/4茶匙（1.25毫升）。若经常烘焙，也建议购买包含1/2汤匙（7.5毫升）、1/8茶匙（0.15毫升）的套组。购买之后，可以装水称量一下每支量匙盛装的重量（水1毫升为1克），看是否精准。

除非食谱有特别说明，否则一般使用量匙时注意一定要填平，尤其是小苏打粉这样的食材，在挖取的时候一定要填平，否则容易影响成品的质地。

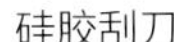

硅胶刮刀

量匙

常用材料介绍

ABOUT THE INGREDIENTS

对于烘焙新手来说，有时候失败并不是你的技术有问题，而是一开始就买错材料了。为了让每个人都能毫无障碍地跨入点心制作的世界，我想先跟大家分享自己多年来与这么多烘焙食材一试再试的实战经验。

传统燕麦片

燕麦片富含膳食纤维，同时也含维生素与矿物质，是非常营养的食物。市面上常见的是即食燕麦片，传统燕麦片与即食燕麦片都是由燕麦加热压碾制成，差别在于加工程度。即食燕麦片为了容易冲泡，会切得更加细碎；而传统燕麦片则是较完整的片状，因此需要烹煮。两者烘焙时会有口感上的差异，因此若食谱有特别写明，请使用指定的品种。若看到燕麦片不确定是哪一种，建议看包装上的说明，或是看建议食用方式是否需要烹煮。

生荞麦粉

荞麦粉富含膳食纤维，同时也富含锰和镁。本书中使用的生荞麦粉指的是未熟化生荞麦磨成的粉，和一般常见熟化用来冲泡的不同。生荞麦粉的颜色偏米白色，质地细腻，适合用来烘焙，也是无麸质烘焙中的常用粉。本书中的香橙玛德莲（P. 60）就

传统燕麦片

生荞麦粉

是结合生荞麦粉的美味例子。目前生荞麦粉在市面上并不常见，以网购的方式较容易取得。

生糙米粉

糙米粉含有多种维生素与矿物质，尤其是锰含量特别高。本书中使用的生糙米粉为未熟化糙米磨成的细粉，并非一般常见冲泡用的熟糙米粉。生糙米粉的颜色与生荞麦粉颜色相近，皆为米白色。生糙米粉天然无麸质，所以也是无麸质烘焙的好选择，本书中的红薯比利时松饼（P. 28）与许多饼干食谱都有使用它。目前生糙米粉在市面上不常见，部分大卖场或是有机食品店有售，我自己多是网购取得。

亚麻籽（粉）

亚麻籽虽小但富含许多营养元素，如ω-3脂肪酸、膳食纤维，同时也含单不饱和脂肪酸和多不饱和脂肪酸、维生素B_1、维生素B_6、叶酸，以及钙、铁、镁、磷、钾等。它也是全植物烘焙时替代蛋的好选择之一。亚麻籽有金色与棕色两种，一般烘焙建议用金色的，完成的成品不会有棕色的斑点。

此外为了让亚麻籽与其他材料结合得更好，本书中许多食谱事先将亚麻籽磨成粉再使用。如果你有研磨机，我建议购买完整的亚麻籽再自行研磨成粉，密封后放入冰箱冷藏保存，这样亚麻籽所含的脂肪酸不易腐败。若没有研磨机，也可以购买市售的，但也建议购买后放入冰箱，冷藏保存。

生糙米粉

亚麻籽（粉）

杏仁粉

本书中提到的杏仁（粉）皆为美国杏仁（粉），并非中国的南杏/北杏（粉）。美国杏仁是坚果之一，其并无中国南杏强烈的味道，而是淡淡的坚果香气。杏仁粉常应用在烘焙中，除了能增添香气，也能依食谱所需来调整口感。

木薯淀粉

木薯淀粉也称为太白粉，市面上有2种：粗粒和细粉，本书使用的都是细粉。通常在传统食品杂粮店就可以买到分装的木薯淀粉。木薯淀粉除了可以拿来勾芡，也可以用于烘焙，如本书中的蓝莓椰香糙米玛芬（P. 40）。

小豆蔻粉

小豆蔻又名绿豆蔻，为印度的天然香料之一，而小豆蔻粉就是将其研磨而成的粉。小豆蔻的滋味非常独特，香气浓烈，有着类似柠檬结合姜的辛香滋味，是印度奶茶中不可或缺的角色，同时也常应用于甜点中。本书将小豆蔻粉融入咖啡奶霜，与香蕉蛋糕（P. 144）结合，打造出独特迷人的甜点风味。

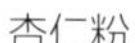

杏仁粉

木薯淀粉

小豆蔻粉

蔗糖

市面上的白色细砂糖加工过程中有些会使用骨炭作吸附剂，因此实际上来说并非素食，但少数品牌会标示素食或是素食友好。我自己目前大多是用素食友好的蔗糖。

未碱化可可粉

常见烘焙用的可可粉为了使其更适用于烘焙，会经过碱化处理，让可可粉颜色更深，减少酸度，也较容易溶解。而未碱化可可粉是直接将可可豆经过烘烤后研磨，能保留较多可可原本的营养素，同时味道与颜色也较接近原本可可豆本身的风味。

一般烘焙食谱中若没有特别强调，都是使用碱化的无糖可可粉。而本书中有许多免烤的点心食谱，包括双倍巧克力能量球（P.130）、高蛋白可可花生块（P.132），都是用未碱化无糖可可粉。

可可脂

可可脂为制作巧克力的原料之一，是可可膏抽去可可粉留下的天然产物，它的外表呈乳黄色，有着天然的可可香气，非常适合用来制作巧克力口味的甜点与点心。特别要注意的是，请选购“食品级”可可脂，因为市面上有许多是化学加工用的精制可可脂，是不可食用的。

蔗糖

未碱化可可粉

可可脂

苹果醋

苹果醋本身带有苹果的果香气息，可以用来调味，也可应用于烘焙中。为了不影响点心的风味，一般建议购买无糖的苹果醋。

苹果酱

苹果酱并不是指苹果果酱，而是烘焙中会使用到的Applesauce（煮过的苹果打成的泥）。目前苹果酱还不算普遍，有时可以在一些超市或大卖场的进口食品区找到，我自己大部分是自制。

自制的方式很简单，只要把苹果去皮、去核，切成丁，再与一点水放入锅中，用小火煮软，之后再放入食物料理机搅打顺滑，成泥状，放凉即可使用。

坚果

坚果是非常营养的食物，如杏仁、核桃、碧根果（美国山核桃）、夏威夷果等，都是我的常备食材，也是制作全植物点心的重点食材。

坚果可以烤熟后吃，也可以直接生吃，不过一般还是建议将生坚果浸泡或是烤熟后再食用，烤熟过的坚果香气和味道会比较明显。而本书食谱中有注明“熟”，即烤熟过的坚果；未特别注明形状，则是使用完整的全粒坚果。

苹果醋

苹果酱

杏仁酱

本书中提到的杏仁酱，皆为用美国杏仁打成的坚果酱。它有着淡淡的坚果风味和浓郁的口感，除了可以作为抹酱，也很适合融入烘焙与免烤点心中，如巧克力豆燕麦饼干（P.48）、巧克力开心果脆块（P.68）。若不介意点心有较明显的花生酱味道，本书的杏仁酱也可以用花生酱替代。购买时建议选用无额外添加油或糖的，才不会影响成品的质地与甜度。

植物奶

植物奶泛指用植物性原料制成的牛奶替代饮品，如杏仁奶、核桃奶、腰果奶等坚果奶，也包含豆奶（豆浆）、糙米奶、藜麦奶等。食谱中若是没有特别提到特定品种，基本上用任何一种都可以。植物奶经过发酵也可以制作成植物酸奶。

购买前的小提醒

若对麸质极度敏感，建议购买食材时确认过敏原是否含有麸质。此外，因为燕麦片生产线会同时生产其他小麦制品，所以会有交叉污染的风险，因此建议对麸质极度敏感的朋友选购有注明“无麸质”的燕麦片。

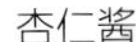
杏仁酱

植物奶

CHAPTER 1

活力能量早餐

本单元提供的点心，
很适合作为快速简便的早餐代餐，
只要事先做好备着，
你再也不必牺牲早餐了。

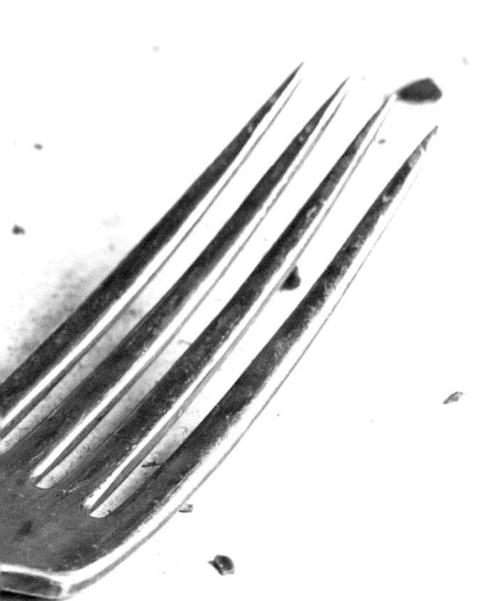

伯爵茶苹果能量棒 免烤

Earl Grey Apple Energy Bars

很喜欢伯爵茶的香气，它总让人感受到惬意舒适，而那温顺的香气结合了苹果的果甜，再加上高纤维的燕麦与富含ω-3脂肪酸的核桃，无疑是美味与营养兼具的点心！

椰枣

椰枣为天然干燥的枣干，主要产地为中东地区，美国加州也产椰枣。椰枣本身的甜度极高，因此很适合用来作为糖的天然替代品。基本上任何品种都可以使用，只是有些椰枣可能因为品种或是久置，变得干硬，若是太硬的话，可事先浸泡于饮用水中5～10分钟再使用。

4
5
6
7

伯爵茶苹果能量棒

分量 8条（约宽2.3厘米×长8.5厘米）
模具 8寸长方形模（内底长19厘米×宽8.5厘米）1个

材料

传统燕麦片 90克
核桃 120克
伯爵茶茶叶 4克
去核椰枣 50克
盐 1/8茶匙
奇亚籽粉 1茶匙
饮用水 1汤匙
苹果（刨丝净重）60克

做法

1 模具内铺上烘焙纸备用。

2 将燕麦片、核桃、伯爵茶茶叶放入平烤盘中，以175℃烘烤10分钟后取出放凉。

3 将去核椰枣放入食物料理机中，搅打至细碎。

4 继续加入传统燕麦片、核桃、伯爵茶茶叶，搅打混合至材料大致呈粗粒状。

5 接着加入盐、奇亚籽粉、饮用水、苹果丝，搅打混合均匀，直到用手指按压可捏成团。

6 用硅胶刮刀将材料填入烤模中，把边缘的烘焙纸拉过来盖住材料，用刮刀压紧压实。

7 将材料连同烤模放入冰箱冷冻15～20分钟后取出，拉着烘焙纸边缘将材料移出烤盘，切分成8等份的长条状即制作完成。

保存方法

放入保鲜盒中加盖密封，冷冻约可保存2周。

小贴士

- **伯爵茶茶叶**：茶叶或茶包均可，茶叶净重都是4克。

杂粮种子饼干
Fully Packed Seed Crackers

爱吃饼干的我总觉得市售的饼干料实在不多，吃了没有满足感，而自己做，最棒的就是可以把料加好加满！这款脆饼包含不同的种子，同时使用生糙米粉与燕麦粉制作，结合冷压初榨橄榄油，让它的口感、滋味和营养，都有别于一般的脆饼。这款饼干比较酥，容易散开，所以享用时要特别注意一下喔！

分量 16片（约宽5厘米×长6.5厘米）

材料

生糙米粉 60克
燕麦粉 70克
亚麻籽粉 18克
小苏打粉 1/4茶匙
南瓜子 40克
葵花子 40克
黑芝麻 10克
白芝麻 20克
盐 1/4茶匙
粗粒黑胡椒 1/4茶匙
冷压初榨橄榄油 30克
枫糖浆 1茶匙
冷水 3汤匙

做法

1 预热烤箱，温度设定为180℃。

2 将生糙米粉、燕麦粉、亚麻籽粉、小苏打粉、南瓜子、葵花子、黑芝麻、白芝麻、盐、粗粒黑胡椒放入同一大碗中，用叉子混合拌匀。

3 接着加入橄榄油、枫糖浆拌匀。

4 分次加入冷水，先用叉子搅拌均匀，到材料开始黏结成团时，再改用手将材料按压成为均匀面团。

5 面团的上下各垫1张烘焙纸，用擀面棍擀成约0.4厘米厚的长方形面皮。

6 用锋利的刀或披萨滚刀，切割成16片。

7 放入预热好的烤箱中烘烤17～20分钟，至表面干硬即可出炉，置于网架上至完全冷却即可。

保存方法

放入保鲜盒中加盖密封，室温约可保存2周。

红薯比利时松饼
Sweet Potato Waffles

将香甜又富含膳食纤维的红薯，融入富有口感的比利时松饼，是周末早餐经常出现的菜单之一。它方便保存和携带，也很适合赶时间的时候带着出门当早餐，当然食用前加热一下会更美味。

分量 4片（直径约8厘米）

材料

烤熟红薯 70克
无糖豆浆 80克
枫糖浆 1汤匙
天然香草精 1/2茶匙
肉桂粉 1/2茶匙
姜粉 1/8茶匙
燕麦粉 23克
杏仁粉 23克
糙米粉 10克
泡打粉 1茶匙

自选配料：
枫糖浆 适量
水果 适量
植物酸奶 适量

做法

1. 将熟红薯、豆浆、枫糖浆、香草精放入果汁机或食物破壁机中，搅打均匀备用。
2. 将肉桂粉、姜粉、燕麦粉、杏仁粉、糙米粉与过筛的泡打粉，放入同一大碗中，用硅胶刮刀混合拌匀。
3. 接着将步骤1搅打好的红薯糊，加入步骤2的干粉材料中，拌匀至无粉粒。
4. 松饼机预热至机器显示灯指示预热完成。
5. 将1/4的面糊倒入松饼机中央，待面糊表面冒小泡泡，再盖上松饼机盖子，加热4～6分钟，至松饼呈棕黄色。将所有材料制作完毕。
6. 松饼建议趁热享用，可依个人喜好搭配枫糖浆、水果、植物酸奶等会更加美味。

保存方法

将松饼放入可冷冻的保鲜盒或保鲜袋中，密封冷冻保存约2周。

小贴士

- **烤红薯DIY：**将红薯洗净，用叉子戳出几个洞（方便熟透），放入预热至200℃的烤箱烘烤40～50分钟。须视红薯大小调整烘烤时间，直至红薯软透即可取出，放凉备用。

碧根果肉桂能量球 免烤

Pecan Cinnamon Energy Balls

碧根果（美国山核桃）独特的坚果滋味是我心中的“早晨味道”之一，它与肉桂粉的滋味结合时，就有种说不出的魔力。另外我还添加了一点枫糖浆来取代砂糖，略带甜味的香气和丰富的营养，让人爱不释口！

分量 8～10颗（直径约3厘米）

材料

去核椰枣 50克
传统燕麦片 45克
熟碧根果 45克
肉桂粉 1/4茶匙
盐 1/8茶匙
杏仁酱或其他坚果酱 1汤匙
枫糖浆 1茶匙
亚麻籽粉 1茶匙
饮用水（可省略） 少许

做法

1. 将去核椰枣放入食物料理机中，搅打至细碎。
2. 接着加入燕麦片、碧根果、肉桂粉、盐，搅打混合至细碎。
3. 继续加入杏仁酱、枫糖浆、亚麻籽粉，搅打至用手指按压可捏成团。若质地偏干，可加入少许饮用水帮助黏结成团。
4. 接着用量匙的汤匙挖取1平匙的材料压实，取出，用手搓成圆球状，排在平盘上。
5. 重复上述步骤至所有材料完成即可享用，或将其放入密封盒中冷藏20分钟，口感会更加扎实。

保存方法

放入保鲜盒中加盖密封，冷冻约可保存2周。

小贴士

- **肉桂粉**：一般常见的肉桂粉是越南肉桂粉，它的辛香味比较浓重，若无法接受，可以换成味道较温和香甜的斯里兰卡肉桂粉，也可以视个人口味增减分量。

咸香姜黄燕麦片
Savory Turmeric Granola

常见的市售麦片都是甜味的，这次就来点不一样的咸味吧！加入姜黄粉，不仅充满独特的香气，同时也富含坚果与种子的营养，有助于增强免疫力与抗炎。可以搭配无糖植物奶，但将它撒在沙拉上风味更佳！

分量 约400克

材料

椰子油 20克
枫糖浆 20克
姜黄粉 1茶匙
鹰嘴豆水 3汤匙
粗粒黑胡椒 1/4茶匙
传统燕麦片 180克
亚麻籽粉 1汤匙
腰果（略切碎）40克
南瓜子 40克
葵花子 40克
干燥椰子片 30克
盐 1/2茶匙
肉桂粉 1/4茶匙
孜然粉 1/2茶匙

做法

1. 预热烤箱，温度设为160℃；烤盘铺上烘焙烤垫备用。
2. 将融化的椰子油、枫糖浆、姜黄粉、鹰嘴豆水放入同一大碗中，用叉子搅拌均匀。
3. 接着加入其余全部材料，用叉子混合均匀。
4. 将步骤3的材料平铺在烤垫上，用刮刀压平，放入预热好的烤箱中烘烤25～30分钟，至整体质地干燥即可出炉。
5. 连同烤盘置于网架上，至麦片完全冷却即可。

保存方法

放入保鲜盒中加盖密封，室温可保存1～2周，冷藏3周。

小贴士

- **鹰嘴豆水：**水煮鹰嘴豆时锅内剩余的液体，冷藏后会具有类似蛋白的黏稠度。可以自己煮鹰嘴豆保留液体，或是使用市售罐头内的液体。如果没有鹰嘴豆，可用3汤匙水和1汤匙亚麻籽粉来替换。
- **椰子油：**可隔水加热，或者利用微波的方式融化，放凉后使用。

荞麦种子青葱谷物面包

Buckwheat Multiseed Green Onion Bread

常见的面包大多是使用面粉制作，这款谷物面包是由杏仁粉与荞麦粉制成，也加入富含膳食纤维的洋车前子壳，以及富含蛋白质的奇亚籽。烤香的面包加上青葱的香气，可以再搭配上鳄梨或是抹酱作为配料，不仅美味营养也非常有饱腹感。

奇亚籽&洋车前子壳

奇亚籽（上）具有黏结性与吸水性高的特色。洋车前子壳（下）则是一种可食用的胶质纤维，吸水性极高，而且吸水后会明显膨胀。两者在这里都是作为面包的黏着剂，但两者食材特性不同，吸水性与烘焙过后产生的口感也不太一样，因此不能相互替代。

2
3
5
6

荞麦种子青葱谷物面包

分量 1条

模具 6寸长方形模（内底长15厘米×宽7厘米）1个

材料

杏仁粉 75克
荞麦粉 70克
奇亚籽粉 12克
洋车前子壳 8克
南瓜子 15克
葵花子 15克
核桃 30克
小苏打粉 1茶匙
盐 1/4茶匙
枫糖浆 20克
温水（体温）240克
苹果醋 1汤匙
新鲜葱花 20克

自选配料：
坚果酱 适量
鳄梨 适量

做法

1. 将杏仁粉、荞麦粉、奇亚籽粉、洋车前子壳、南瓜子、葵花子、核桃、小苏打粉、盐放入同一大碗中，用硅胶刮刀混合拌匀。
2. 接着加入枫糖浆、温水、苹果醋，用硅胶刮刀搅拌至无粉粒。
3. 面包模内铺上烘焙纸。将面糊倒入烤模中，轻轻摇晃烤模，使面糊分布均匀，再将新鲜葱花撒在表面。
4. 静置40分钟，期间，奇亚籽和洋车前子壳会吸收大量水分，形成浓稠的面糊。在最后10分钟时，开始预热烤箱，温度设定为175℃。
5. 放入预热好的烤箱中烘烤约40分钟，用竹签插入面包中央，若无面糊黏附即可出炉。
6. 置于网架上放凉20分钟，再取出脱模。待面包完全冷却后再切片，可搭配坚果酱、鳄梨，或者其他喜爱的配料一起享用。

保存方法

将整条面包切片，放入可冷冻的保鲜袋中，冷冻约可保存1个月。享用前于表面喷点水，再用烤箱以160℃烤5～10分钟至热即可。

咖啡小豆蔻燕麦粥 免烤

Coffee Cardamom Overnight Oats

习惯早晨享用咖啡吗？来杯咖啡口味的燕麦粥吧！咖啡与小豆蔻结合的滋味非常迷人，不仅美味，还加入了富含膳食纤维与营养素的燕麦片和富含ω-3脂肪酸的奇亚籽，保证让你尝到咖啡香，身心都满足！

分量 约500毫升

材料

燕麦粥：

速溶咖啡粉 2茶匙
开水 6茶匙
传统燕麦片 90克
奇亚籽 2汤匙
无糖杏仁奶 240毫升+1～3汤匙（可省略）
枫糖浆 2汤匙
小豆蔻粉 1/4茶匙
肉桂粉 1/4茶匙

配料：

香蕉（切片）1/2根
熟碧根果（略切碎）2汤匙
杏仁酱 2汤匙

做法

1. 将速溶咖啡粉放入小杯子中，加入开水，将咖啡粉搅拌至溶解，静置冷却备用。
2. 将燕麦粥的其余材料（其中杏仁奶为240毫升）全部放入1个500毫升的有盖容器中，再倒入溶解的咖啡液，搅拌均匀。
3. 盖上盖子，放入冰箱冷藏一晚，或至少冷藏4小时。
4. 取出燕麦粥，依个人喜好可再添加适量杏仁奶调整口感（1～3汤匙），最后加上配料即可享用。

保存方法

放入保鲜盒中加盖密封，冷藏可保存3～4天。

小贴士

- **速溶咖啡粉**：如果对咖啡因比较敏感，可以选用低咖啡因或是无咖啡因的咖啡粉。
- **无糖杏仁奶**：也可以选择加糖的，但要视个人口味调整枫糖浆用量。另外也可以用其他的植物奶取代，例如腰果奶、燕麦奶、豆浆等。

of the milli
work to en
moderate
of what is h
ambassado
called a me
lence.
The contin
a colossal m
cratically ele
laureate Daw
considerable
tread carefully. But that is no excuse for her ridiculous
accusation last week that international aid groups were

蓝莓椰香糙米玛芬
Blueberry Brown Rice Muffins

结合椰子香气与蓝莓酸甜的松软玛芬，充满了早晨的气息。用生糙米粉、燕麦粉、杏仁粉取代传统的面粉，除了增加多种的营养，也让它的风味更加独一无二。

分量 6个

模具 6连玛芬烤模1个

材料

椰浆 120毫升
苹果醋 1茶匙
天然香草精 1茶匙
杏仁粉 35克
生糙米粉 60克
燕麦粉 35克
木薯淀粉 15克
蔗糖 70克
泡打粉 2茶匙
小苏打粉 1/4茶匙
新鲜蓝莓 70克
椰蓉 2汤匙
椰子油（抹模具用，可省略）适量

做法

1. 预热烤箱，温度设为175℃。在6连玛芬模具内侧抹上1层椰子油；或者不抹油，直接放入硅胶杯子蛋糕模或蛋糕衬纸。
2. 将椰浆、苹果醋和香草精，一起放入碗中混合均匀备用。
3. 另外取1个大碗，放入杏仁粉、生糙米粉、燕麦粉、木薯淀粉、蔗糖、泡打粉、小苏打粉，用叉子搅拌均匀。
4. 将步骤2的椰浆醋液倒入步骤3的碗中，用叉子搅拌均匀至无粉粒。
5. 将面糊倒入6连玛芬烤模中，再平均放入蓝莓，轻柔地拌入面糊中。轻敲烤模使表面平坦，再撒上椰蓉。
6. 放入预热好的烤箱中烘烤25~30分钟，插入竹签，如果没有湿面糊黏附就代表已经烤熟。
7. 出炉后，连同烤模置于网架上，放凉后脱模即完成。

保存方法

放入保鲜盒中加盖密封，冷藏约可保存4天，冷冻约2周。

小贴士

- **蓝莓：**建议使用新鲜蓝莓，面糊不会染色。若用冷冻的，建议使用前再从冰箱拿出来。
- **苹果醋：**用于和碱性的小苏打粉进行烘焙反应，也可以用柠檬汁替代。
- **木薯淀粉：**因为这款点心没有使用一般的面粉，所以须要添加一些淀粉，让面糊产生黏性，使黏着度更佳。

巧克力抹茶能量棒 免烤

Chocolate Matcha Engery Bars

抹茶不仅茶韵清香，也含有儿茶素、茶多酚等抗氧化成分。将它与燕麦片、核桃结合制成的能量棒，有着让人欲罢不能的美味。

分量 8条（约宽2.3厘米×长8.5厘米）

模具 8寸长方形模（内底长19厘米×宽8.5厘米）1个

材料

抹茶能量棒：

去核椰枣 80克
熟核桃 45克
传统燕麦片 45克
抹茶粉 2茶匙
奇亚籽粉 1茶匙
椰蓉 2汤匙
饮用水 2茶匙+少许（可省略）

巧克力裹面：

70%黑巧克力 50克
可可脂 1/2汤匙
盐 1/8茶匙

做法

1 模具内铺上烘焙纸备用。

制作抹茶能量棒：

2 将去核椰枣放入食物料理机中，搅打至细碎。

3 接着加入核桃、燕麦片、抹茶粉、奇亚籽粉、椰蓉、饮用水2茶匙，搅打混合均匀，直到用手指可捏成团。若质地偏干，可添加少许饮用水继续搅打，直到用手指按压可黏结成团。

4 将步骤3拌匀的材料放入模具中压实压紧，冷冻30分钟。

制作巧克力裹面：

5 将黑巧克力、可可脂、盐放入耐热碗中，隔水加热至材料完全融化，混合均匀后移离热源。

6 将抹茶棒从冰箱取出，切分成8等份的长条状。

7 将抹茶棒表面一一均匀粘裹融化的巧克力，排放在铺有烘焙纸的小烤盘上。放入冰箱冷冻5～10分钟，至巧克力凝固即可。

保存方法

放入保鲜盒中加盖密封，冷冻可保存2～3周。

小贴士

- **可可脂**：一般烘焙材料行都买得到，它呈奶黄色，带有淡淡的可可香气。如果真的买不到可可脂，可用冷压初榨椰子油替代。
- **抹茶粉**：市面上有许多不同的抹茶粉，品牌、产地不同，味道就会不太一样。挑选自己喜欢的抹茶粉即可。

巧克力燕麦美式松饼
Fluffy Chocolate Oatmeal Pancakes

一般常见的松饼大多是用面粉制作，但其实燕麦粉也是优秀的松饼材料。用燕麦粉制成的松饼带着谷粉淡淡的香甜，再加入香浓的可可粉，结合微甜的苹果酱，就成了老少皆宜的美味松软巧克力燕麦松饼！

分量 8～10片（直径约7厘米）

材料

无糖豆浆 120毫升
苹果醋 1/2茶匙
燕麦粉 85克
可可粉 16克
泡打粉 1汤匙+1茶匙
盐 1/8茶匙
苹果酱 40克
天然香草精 1/2茶匙
蔗糖 2汤匙

自选配料：
巧克力淋酱 适量
坚果碎 适量

做法

1. 无糖豆浆和苹果醋放入同一碗中拌匀，静置5分钟备用。
2. 燕麦粉放入大碗中，再将可可粉、泡打粉、盐混合过筛至碗中拌匀。
3. 将苹果酱、香草精、蔗糖加入步骤1的豆浆醋液中搅拌均匀。
4. 将步骤3拌匀的湿料加入步骤2的可可燕麦粉料中，用硅胶刮刀搅拌至无粉粒，即为松饼面糊。
5. 不粘平底锅先以中火加热（如果不是使用不粘材质，请在平底锅中加入适量椰子油）。热锅后，倒入2匙（约30毫升）的松饼面糊，可视锅子大小自行调整锅内面糊的数量，记得每个松饼间要保留空间翻面。
6. 面糊入锅后，将火力降成中小火，煎3～4分钟。
7. 待面糊膨胀，表面开始冒小泡，且面糊底面不会粘锅时，再将松饼翻面，继续煎1～2分钟，至面糊凝固即可盛盘。煎完所有面糊，可搭配巧克力淋酱及坚果碎一起享用。

保存方法

待松饼放凉再放入保鲜盒中密封，冷藏约可保存3天。或将松饼以水平方向放入保鲜袋中，不重叠，冷冻约可保存2周。

小贴士

● 食材最好都是室温，面糊的流动性较好。

CHAPTER 2

午间充电小点

集中精神工作或学习到了下午3、4点，
你是不是觉得特别需要补充一些能量？
这时吃点营养满分的点心，
就能使你活力充沛地撑完全场！

巧克力豆燕麦饼干
Chocolate Chip Oatmeal Cookies

燕麦饼干是不可错过的食物之一，尤其是加了巧克力豆之后，丰富的滋味更令人销魂。这款燕麦饼干除了加入富含膳食纤维的燕麦片，主体也是由燕麦粉与杏仁粉制成，让每一口都兼具美味与营养。

巧克力豆

烘焙用的巧克力豆熔点通常比较高，不易在烘烤时像一般巧克力那样完全融化。大多数的黑巧克力豆（可可含量60%以上）都不含蛋、奶或其他动物性食品，但最好还是在购买前检查成分，确认过敏原。如果平常就喜欢苦甜的黑巧克力，建议可以选用可可含量70%~80%的巧克力豆；如果喜欢甜一点的口味，50%~65%更合适。

2
3
5
6

巧克力豆燕麦饼干

分量 11片（直径约5厘米）

材料

生碧根果 40克
椰子油 48克
杏仁酱 30克
蔗糖 45克
植物奶 1汤匙
天然香草精 1/2茶匙
传统燕麦片 45克
燕麦粉 40克
杏仁粉 25克
小苏打粉 1/4茶匙
盐 1/8茶匙
亚麻籽粉 12克
50%~70%黑巧克力豆 50克
核桃碎 2汤匙

做法

1 预热烤箱，温度设为175℃；烤盘铺上烘焙烤垫或烘焙纸备用。

2 将生碧根果与椰子油放入小锅中，以小火加热至闻到碧根果的香气时熄火，用筛网将椰子油过滤到一个大碗中，放凉备用。碧根果若没有很焦，可以留着日后加入沙拉或其他餐点食用。

3 将杏仁酱、蔗糖放入已冷却的椰子油中，用叉子或搅拌器混合均匀，再加入植物奶、香草精，搅拌至完全均匀。

4 接着加入燕麦片、燕麦粉、杏仁粉、过筛的小苏打粉、盐、亚麻籽粉，继续用叉子搅拌混合，最后再加入黑巧克力豆与核桃碎，搅拌至全部材料混合均匀。可保留1小把黑巧克力豆用于表面点缀。

5 接着用量匙的汤匙挖取1平匙的材料压实，取出，用手整形成圆球状，排在烤盘上；排入烤盘时须预留间隔，重复上述步骤至材料用完。

6 用手掌压平面团，至直径约5厘米大小，每片面团平均放上一些点缀用的巧克力豆并轻压，用手指将边缘稍微塑形使其平滑。

7 放入预热好的烤箱中烘烤18~20分钟，至表面金黄，摸起来微硬即可出炉，连同烤盘一起置于网架上放凉即可。

保存方法

放入保鲜盒中加盖密封，室温约可保存2周。

蒜香点心棒
Garlic Cookie Sticks

蒜香非常适合融入咸味的酥脆点心。这个点心棒主要是由美国杏仁粉、燕麦粉与糙米粉制成，有淡淡的坚果香与酥脆的口感。喜欢大蒜的滋味，也会喜欢这款点心！

分量 12～14条（约长15厘米×宽1厘米）

材料

杏仁粉 45克
燕麦粉 30克
生糙米粉 40克
泡打粉 1茶匙
小苏打粉 1/8茶匙
大蒜粉 1茶匙
干燥牛至叶 1/2茶匙
盐 1/4茶匙
冷压初榨橄榄油 18克
枫糖浆 1/2茶匙
冰水 2汤匙
黑芝麻 1茶匙
白芝麻 1汤匙

做法

1 预热烤箱，温度设为175℃。

2 将杏仁粉、燕麦粉、生糙米粉、泡打粉、小苏打粉、大蒜粉、干燥牛至叶、盐，都放入同一个搅拌盆中，用叉子混合拌匀。

3 接着加入橄榄油、枫糖浆和冰水搅拌均匀，直到用手指按压可捏成团。

4 面团的上下各垫1张烘焙纸，用擀面棍擀成厚约0.4厘米、长15厘米的长方形面皮。

5 用锋利的刀或披萨滚刀切割成宽约1厘米的长条面皮，排在烤盘上，撒上黑、白芝麻后，用手指轻压。

6 放入预热好的烤箱中烘烤15～18分钟，至表面金黄即可出炉，连同烤盘一起置于网架上放凉即可。

保存方法

放入保鲜盒中加盖密封，室温约可保存2周。

小贴士

- **冰水**：使用冰水可以让面团的温度较低，在擀的时候具有一定硬度，便于操作。

可可覆盆子奇亚籽布丁 免烤

Raspberry Cacao Chia Pudding

这道可可覆盆子奇亚籽布丁冰凉弹牙，有颗粒感。奇亚籽不仅让这点心的口感有弹性，也富含蛋白质与ω-3脂肪酸，加入可可粉与适量的枫糖浆，则为这道点心赋予苦甜适中的巧克力风味。

分量 2杯（1杯约200毫升）

材料

奇亚籽 4汤匙
可可粉 1汤匙
坚果酱 1汤匙
枫糖浆 2汤匙
植物奶 240克+少许（可省略）
冷冻覆盆子 4~6汤匙
炒米花 6汤匙

做法

1 将奇亚籽、可可粉、坚果酱、枫糖浆、植物奶240克放入密封罐中，混合搅拌均匀。

2 盖上盖子，放入冰箱冷藏一晚，或至少4小时。

3 取出罐子，稍微搅拌一下，可视个人喜好再额外添加植物奶调整浓稠度。

4 可直接于奇亚籽布丁表面加上覆盆子和炒米花，或是如图挖取至另一个罐子中堆叠出层次。

保存方法

放入保鲜盒中加盖密封，冷藏可保存3~4天。

小贴士

- **覆盆子**：冷冻覆盆子解冻后会产生汁液，会让布丁口感比较湿润柔软。如果喜欢口感硬一些，也可以使用新鲜的覆盆子。

意式香料脆饼
Italian Herb Crackers

意大利香料除了能应用于料理，也能融入烘焙，制作出充满香草风味的美味脆饼。相较于新鲜香料，它在购买与保存上比较便利，在一般超市或是卖场都找得到。这款饼干结合意大利香料、洋葱粉、大蒜粉以及橄榄油的香气，非常适合喜欢西式香料的朋友。

分量 25～28小片

模具 圆形饼干模（直径约3厘米）1个

材料

生糙米粉 35克
杏仁粉 70克
燕麦粉 40克
泡打粉 1/4茶匙
洋葱粉 1/4茶匙
大蒜粉 1/8茶匙
盐 1/4茶匙+1/8茶匙
意大利香料 2茶匙
亚麻籽粉 1汤匙
冷压初榨橄榄油 24克
冰水 3汤匙

做法

1. 预热烤箱，温度设为175℃；烤盘铺上烘焙烤垫备用。
2. 将生糙米粉、杏仁粉、燕麦粉、泡打粉、洋葱粉、大蒜粉、盐、意大利香料、亚麻籽粉放入同一大碗中，混合均匀。
3. 加入橄榄油与冰水混拌均匀，用手将材料按压成为均匀面团。
4. 面团的上下各放1张烘焙纸，用擀面棍擀成约0.3cm的厚度。
5. 用圆形饼干模压出小饼干面团，排在烤垫上。可将零碎的面皮重新揉成面团再擀开压模，直到全部面团用完为止。
6. 放入预热好的烤箱中烘烤13～15分钟，待闻到香气，饼干摸起来微硬即可出炉，放在网架上至完全冷却即可。

保存方法

放入保鲜盒中加盖密封，室温约可保存2周。

胡萝卜葡萄干燕麦块 免烤

Carrot Raisin Oat Squares

一般胡萝卜都用来入菜烹调，何不把它也融入点心呢？胡萝卜的甜味在蔬果中名列前茅，结合肉桂粉与肉豆蔻粉之后，会散发独特的风味，和一般料理时的滋味很不同。这款胡萝卜葡萄干燕麦块不需要烘烤，简单搅打、混合，冷冻一下就可以快速享用！

分量 8块（约长4.5厘米×宽4厘米）

模具 8寸长方形模（内底长19厘米×宽8.5厘米）1个

材料

去核椰枣干 50克
传统燕麦片 45克
胡萝卜丝 80克
奇亚籽 1汤匙
椰蓉 20克
熟核桃 40克
肉桂粉 1/2茶匙
肉豆蔻粉 1/8茶匙
盐 1/8茶匙
椰子油 18克
枫糖浆 20克
葡萄干 30克

做法

1. 模具内铺上烘焙纸备用。
2. 将去核椰枣干放入食物料理机，搅打至细碎。
3. 接着加入燕麦片、胡萝卜丝、奇亚籽、椰蓉、核桃、肉桂粉、肉豆蔻粉、盐，继续搅打约10秒，至燕麦片切碎即可。
4. 继续加入融化的椰子油、枫糖浆、葡萄干，搅打混合至整体质地均匀。
5. 将步骤4的材料倒入模具中，用硅胶刮刀压平压实，直接放入冰箱冷冻20～30分钟，即可取出脱模，切块享用。

保存方法

放入保鲜盒中加盖密封，冷藏可保存4～5天，冷冻约2周。

小贴士

- **葡萄干：**可以用其他果干替换，试试不一样的组合滋味。
- **肉豆蔻粉（Ground Nutmeg）：**味道独特，在东南亚杂货店或印度香料店都能找到，也可以用网购方式取得。

香橙玛德莲

Orange Madeliene

将新鲜橙皮融入松软的玛德莲小蛋糕中，再粘裹上巧克力，橙子的滋味与巧克力结合出一种魔力。这款蛋糕是使用富含维生素的生荞麦粉与杏仁粉制作，口感较一般的玛德莲更松软一些，建议常温或用烤箱烤至微温享用。

甜橙

甜橙是统一名称，有许多不同的品种，柳橙也是其一。但柳橙的香气较为不足，汁液也没有那么香甜，所以建议挑选较大颗的甜橙，汁液较多，酸香的风味用来制作甜点时也足够。甜橙大部分的产季在3～11月之间，在超市或是大卖场比较容易买到。

1
2
3
4

香橙玛德莲

分量 6个
模具 6连玛德莲模1个

材料

生荞麦粉 30克
杏仁粉 40克
泡打粉 1茶匙+1/4茶匙
盐 1/8茶匙
椰子油 30克
苹果酱 70克
枫糖浆 35克
新鲜甜橙汁 1汤匙
橙皮磨屑 1茶匙

做法

1 预热烤箱，温度设为180℃。在模具内侧抹上1层椰子油（配方分量外），建议可以多抹一些，否则不容易脱模。

2 将生荞麦粉、杏仁粉放入大碗中，筛入泡打粉与盐，混合拌匀备用。

3 在步骤2的干料中央挖出1个洞，加入融化的椰子油、苹果酱、枫糖浆、甜橙汁和橙皮屑，用硅胶刮刀混合搅拌成均匀面团。

4 将面糊平均倒入模具中，将烤盘轻敲几下桌面，使面糊表面平整。

5 放入预热好的烤箱中烘烤15～18分钟，至竹签插入中央没有湿面糊黏附即可出炉。

6 静置10分钟，再用蛋糕抹刀帮助脱模，待完全冷却即可。

保存方法

放入保鲜盒中加盖密封，冷藏可保存4～5天，冷冻约2周。取出，解冻至室温，或放入烤箱稍微加热一下即可享用。

罗勒脆饼
Basil Crackers

罗勒在众多香草植物中，风味是数一数二的突出。将它融入饼干里，再搭配多种谷物及坚果粉，就能做出既营养，又让人欲罢不能的解馋咸饼干。

分量 24片（边长约3厘米正方形）

材料

生荞麦粉 20克
生糙米粉 50克
杏仁粉 20克
亚麻籽粉 1汤匙
白胡椒粉 1/8茶匙
辣椒粉（粗粒）1/4茶匙
蔗糖 1茶匙
大蒜粉 1/2茶匙
泡打粉 1/4茶匙
新鲜罗勒（洗净晾干）10克
冷压初榨橄榄油 10克
薄盐酱油 1/2汤匙
冰水 20克+少许（可省略）

做法

1 预热烤箱，温度设为175℃。

2 将生荞麦粉、生糙米粉、杏仁粉、亚麻籽粉、白胡椒粉、辣椒粉、蔗糖、大蒜粉、泡打粉都放入同一大碗中，用叉子搅拌均匀。

3 将新鲜罗勒切碎，与橄榄油混拌在一起，再与薄盐酱油、冰水20克一同加入步骤2的材料中，用叉子大致拌匀后，再用手按压成团。若面团质地偏干，可再加入少许冰水。

4 面团的上下各垫1张烘焙纸，用擀面棍擀成约0.3厘米厚的长方形面皮。

5 用锋利的刀或披萨滚刀切割出长、宽约3厘米的方块，排入烤盘中。

6 放入预热好的烤箱中烘烤18~22分钟，至饼干表面变干而且稍硬，直接让它留在烤箱里至完全冷却。

7 取出后，沿切线将饼干分开即可。

保存方法

放入保鲜盒中加盖密封，室温约可保存1周，冷藏约2周。

蔓越莓椰子球 免烤

Cranberry Coconut Energy Balls

比起一般的椰子球甜点，这款蔓越莓椰子球结合了蔓越莓果干的酸甜与椰子的香气，再加上核桃的坚果滋味，多层次的风味和口感除了不容易吃腻，又可以在短时间内补充丰富的能量！

分量 约18～20颗（直径约3厘米）

材料

椰蓉 60克 + 4汤匙
蔓越莓果干 50克
熟核桃 48克
传统燕麦片 45克
亚麻籽粉 2汤匙
杏仁酱 40克
枫糖浆 2汤匙
饮用水 10～15克

做法

1. 将椰蓉60克、蔓越莓果干、熟核桃、燕麦片、亚麻籽粉放入食物料理机中，搅打混合10～20秒，至蔓越莓干颗粒细碎。
2. 接着加入杏仁酱、枫糖浆、饮用水，继续用食物料理机搅打至整体混合均匀，直到用手指按压可捏成团；若质地偏干，可再加少许饮用水搅打，来调整湿度。
3. 接着用量匙的汤匙挖取1平匙的材料压实，取出，用手搓成圆球状；排入烤盘时须预留间隔，重复上述步骤至材料用完。
4. 将椰蓉4汤匙放入小碗中，再将步骤3的圆球分别放入碗中滚动，使表面粘满椰蓉即可；也可放入密封盒中，冷藏后再享用。

保存方法

放入保鲜盒中加盖密封，冷藏可保存4～5天，冷冻约2周。

小贴士

- **蔓越莓果干：**市售的蔓越莓果干甜度不一，可以依个人口味挑选适合自己甜度的来使用。

巧克力开心果脆块

Chocolate Pistachio Snack Bars

开心果的滋味是坚果中独一无二的。将开心果结合富含ω-3脂肪酸的核桃和70%的黑巧克力豆所烘烤出的点心脆块，滋味非常迷人，适当的甜度让人意犹未尽。

分量 8块（约长4.5厘米×宽4厘米）

模具 8寸长方形模（内底长19厘米×宽8.5厘米）1个

材料

生开心果仁 40克
传统燕麦片 45克
核桃（略切碎）30克
亚麻籽粉 2汤匙
盐 1/8茶匙
70%黑巧克力豆 30克
椰蓉 5克
天然香草精 1/4茶匙
杏仁酱或其他坚果酱 15克
椰子油 6克
枫糖浆 30克

做法

1 预热烤箱，温度设为175℃；模具内铺上烘焙纸备用。

2 生开心果仁、燕麦片、生核桃、亚麻籽粉、盐、黑巧克力豆、椰蓉放入1个大搅拌盆中，用硅胶刮刀将材料混拌均匀。

3 加入剩余的所有食材，混合搅拌均匀。

4 将步骤3的材料装入模具中，用硅胶刮刀压平、压紧。

5 放入预热好的烤箱中烘烤25～30分钟，至表面呈金黄色即可出炉，连同模具放在网架上至完全冷却。

6 脱模后，用锋利的刀子平均切分成8块即可。

保存方法

放入保鲜盒中加盖密封，室温约可保存3天，冷藏1～2周。

咸香咖喱点心球 免烤

Savory Curry Energy Balls

咖喱也可以融入点心。以腰果为主体，尝得到坚果的香气，加入咖喱粉和姜黄粉之后，让这道点心球不仅充满风味，也能帮助身体加强免疫力。

分量 12颗（直径约3厘米）

材料

传统燕麦片 60克
熟腰果 80克
姜黄粉 1/4茶匙
咖喱粉 1/2茶匙
盐 1/4茶匙
现磨黑胡椒 少许
杏仁酱 1汤匙
饮用水 1.5汤匙+少许（可省略）
枫糖浆 1茶匙

做法

1. 将燕麦片、熟腰果、姜黄粉、咖喱粉、盐、现磨黑胡椒放入食物料理机，搅打至粗碎粒状。切记不要搅打过度，否则会影响口感。
2. 加入杏仁酱、饮用水1.5汤匙和枫糖浆，继续搅打至材料逐渐黏结成团。若整体质地偏干，可以再加少许饮用水搅打片刻，并用硅胶刮刀将粘黏在周围的材料刮整干净。
3. 接着用量匙的汤匙挖取1平匙的材料压实，取出，用手搓成圆球状，重复上述步骤至材料用完。
4. 可直接享用，或将点心球放入密封盒中，加盖冷藏15分钟再享用。

保存方法

放入保鲜盒中加盖密封，冷藏可保存4～5天，冷冻约2周。

CHAPTER 3

加班能量补给

只要事先备妥这些香辣上瘾的能量点心，
当你熬夜加班又饥肠辘辘时，
再也不必费力张罗吃食，
就能让你体力、脑力瞬间满格！

辣椒芝士脆饼
Chili Cheese Crackers

若平常喜欢吃点辣，这个辣椒芝士脆饼就是特别合适的微辣点心。特别在配方中加入营养酵母，增添芝士般的咸香滋味，让这款点心成为风味极为独特的美味咸饼干。如果喜欢辣味明显一些，也可以再增加辣椒粉的分量。

营养酵母（Nutritional Yeast）

营养酵母和一般用来发酵面包的酵母不同，是一种已经失去活性的酵母，最常见的是以酿酒酵母菌株培养而成，作为食品可直接食用。它的外观是奶油色的黄色薄片或粉末。它带有类似芝士的风味，可以为料理增添一股咸香滋味。本书中也有使用营养酵母制作美味的全植物芝士酱（P. 120），用来制成酱料，或者拌意大利面都很合适。

3
5
6
8

辣椒芝士脆饼

分量 30片（边长约3.5厘米正方形）

材料

即食燕麦片 90克
葵花子 50克
辣椒粉（粗粒）1茶匙
营养酵母 2汤匙
盐 1/4茶匙
粗粒黑胡椒 1/8茶匙
大蒜粉 1/4茶匙
蔗糖 1/2汤匙
酱油 1茶匙
冷压初榨橄榄油 10克
冰水 30克

做法

1 预热烤箱，温度设为175℃。

2 将即食燕麦片与葵花子放入食物料理机中磨成细粉。

3 将步骤2的细粉与辣椒粉、营养酵母、盐、黑胡椒、大蒜粉、蔗糖放入同一大碗中，用叉子混拌均匀。

4 接着加入酱油、橄榄油和冰水搅拌均匀，再用手将材料按压成团。

5 面团的上下各垫1张烘焙纸，用擀面棍擀成约20厘米的正方形面皮。

6 用锋利的刀或披萨滚刀切割出长、宽约3.5厘米的正方形切线。

7 放入已预热烤箱中烘烤15～18分钟，至表面干燥、摸起来微硬即可出炉。

8 连同烤盘一起置于网架上放凉，再沿切线将饼干分开即可。

保存方法

放入保鲜盒中加盖密封，室温约可保存1周，冷藏约2周。

咖啡核桃能量球 免烤

Coffee Walnut Energy Balls

提到下午茶，总是会想到咖啡，不妨把咖啡的滋味融入能量球里吧！除此之外，里头也加入了营养丰富的核桃、椰枣与燕麦片，让每一口除了美味外，也富含满满的能量！

分量 10颗（直径约3厘米）

材料

去核椰枣 100克
传统燕麦片 70克
熟核桃 60克
速溶咖啡粉 2茶匙
可可粉 1茶匙
盐 1/8茶匙
饮用水 3～5茶匙
全粒熟核桃 10颗

做法

1. 将去核椰枣放入食物料理机，搅打成细碎状。
2. 接着放入燕麦片、熟核桃、速溶咖啡粉、可可粉、盐，继续搅打至大略切碎即可。
3. 加入饮用水，继续搅打至整体材料混合均匀，用手指轻捏能黏结在一起；若质地偏干的话，可再加少许饮用水搅打，来调整湿度。
4. 接着用量匙的汤匙挖取1平匙的材料压实，取出，用手搓成圆球状，排入平盘中。重复上述步骤至材料用完。
5. 在每个能量球上分别压入1颗熟核桃即可享用；也可放入密封盒中冷藏20分钟，口感会更加扎实。

保存方法

放入保鲜盒中加盖密封，冷藏可保存4～5天，冷冻约2周。

椒盐亚麻籽饼干

Pepper Salt Flaxseed Crackers

胡椒的香气结合适当的咸味，再搭配亚麻籽以及初榨橄榄油的香气，便是道咸香过瘾的传统口味点心。偶尔想吃点怀旧零嘴时，一定要尝尝这个味道！

分量 12片（约长7厘米×宽3.5厘米）

材料

杏仁粉 70克
糙米粉 30克
椒盐粉 1.5茶匙
亚麻籽 2汤匙
亚麻籽粉 2汤匙
粗粒黑胡椒 1/2茶匙
冷压初榨橄榄油 15克
冰水 20克

做法

1. 预热烤箱，温度设为175℃。
2. 将杏仁粉、糙米粉、椒盐粉、亚麻籽、亚麻籽粉、黑胡椒放入同一大碗中，用叉子混拌均匀。
3. 接着加入橄榄油与冰水拌匀，再用手将材料按压成团。
4. 面团的上下各垫1层烘焙纸，用擀面棍擀成长约21厘米、宽约14厘米的长方形面皮。
5. 用锋利的刀或披萨滚刀切割出长7厘米、宽约3.5厘米的饼干切线。
6. 放入预热好的烤箱中烘烤15~18分钟，至表面干燥，摸起来微硬即可出炉。
7. 连同烤盘一起置于网架上放凉后，再沿切线将饼干分开即可。

保存方法

放入保鲜盒中加盖密封，室温约可保存1周，冷藏约2周。

小贴士

- **亚麻籽：**亚麻籽有金黄色和棕色两种，都可以使用。本书内的其他食谱大多是用金黄色的，此款饼干使用棕色的亚麻籽，是为了让颜色更为突出。

香蕉奇亚籽能量棒

Banana Chia Energy Bars

香蕉可作为每日水果食用，富含维生素和矿物质，重点是它的甜度非常高，很适合融入点心。这款香蕉奇亚籽能量棒就是完美的例子。

分量 8条（约宽2.3厘米×长8.5厘米）

模具 8寸长方形模（内底长19厘米×宽8.5厘米）1个

材料

香蕉（净重）50克
花生酱 30克
枫糖浆 30克
传统燕麦片 45克
泡打粉 1/4茶匙
盐 1/8茶匙
肉桂粉 1/8茶匙
天然香草精 1/4茶匙
南瓜子 23克
核桃 18克
奇亚籽 2汤匙
椰蓉 5克
55%~70%黑巧克力（可省略）20克

做法

1. 预热烤箱，温度设为175℃；模具内铺上烘焙纸备用。
2. 将香蕉放入大碗中，用叉子压成泥。
3. 将花生酱、枫糖浆加入步骤2的香蕉泥中，用叉子混合拌匀。
4. 接着加入其余除黑巧克力之外的食材，用硅胶刮刀搅拌混合均匀。
5. 将步骤4拌匀的材料倒入模具中，放入预热好的烤箱中烘烤25~28分钟，至表面金黄，用手指触摸表面时触感略为坚硬，即可出炉。
6. 连同模具置于网架上至完全冷却，再用锋利的刀切分成8等份，即可享用；或者再将黑巧克力以隔水加热方式融化，淋在表面。

保存方法

放入保鲜盒中加盖密封，冷藏可保存4~5天，冷冻约2周。

姜黄枸杞小方糕
Turmeric Goji Berry Mini Square Cake

姜黄富含增强免疫力的营养素，结合有着丰富氨基酸和维生素的枸杞，让你吃点心的同时也有益于养生。另外，这道点心最特别的是，烘焙前的面糊是淡黄色，但烘烤后却会变成美丽的粉红色。

分量 8块（约长4.5厘米×宽4厘米）

模具 8寸长方形模（内底长19厘米×宽8.5厘米）1个

材料

枸杞 1汤匙
生糙米粉 80克
燕麦粉 45克
盐 1/8茶匙
姜黄粉 1茶匙
黑胡椒粉 1小撮
蔗糖 50克
泡打粉 1/2茶匙
小苏打粉 1/4茶匙
椰子油 12克
无糖豆浆 60克
鹰嘴豆水 60克
葡萄干 1汤匙
南瓜子 1汤匙
椰蓉 1汤匙

做法

1. 预热烤箱，温度设为175℃；模具内铺上烘焙纸备用；枸杞浸泡冷水备用。
2. 将生糙米粉、燕麦粉、盐、姜黄粉、黑胡椒粉、蔗糖放入同一大碗中，再筛入泡打粉、小苏打粉，用硅胶刮刀混合拌匀。
3. 接着加入融化的椰子油、豆浆、鹰嘴豆水，搅拌至混合均匀。
4. 将步骤3的面糊倒入模具中并轻轻摇晃，使面糊分布均匀。
5. 将枸杞沥干，与葡萄干、南瓜子、椰蓉均匀撒于面糊表面。
6. 放入预热好的烤箱中烘烤23～28分钟，至竹签插入面糊中央再取出时不会粘黏即可。
7. 出炉后连同模具置于网架上，冷却至微温时再脱模，用锋利的刀切分成8块即可享用。

保存方法

放入保鲜盒中加盖密封，冷藏可保存4～5天，冷冻约2周。

泰式酸辣腰果球 免烤

Thai Tom Yum Cashew Balls

泰式酸辣汤那东南亚天然香料的滋味，让人一吃就爱上！再搭配上熟腰果的香气，做成随时都能来一口的小点心，酸酸辣辣的风味百吃不腻，令人着迷！

泰式酸辣汤香料包

这种香料包在东南亚商店或是网络上都买得到，里面的材料包括了柠檬叶、香茅干、南姜片。因为曾经吃过类似风味的烤坚果，就想用它制作能量球或咸味饼干，应该也很合适。

1
4
5
6

泰式酸辣腰果球

分量 12颗（直径约2.5厘米）

材料

泰式酸辣汤香料包 10克
全粒熟腰果 70克
传统燕麦片 60克
亚麻籽粉 1汤匙
酱油 1茶匙
枫糖浆 7克
饮用水 20克+少许（可省略）
熟腰果（切碎）30克

做法

1. 将泰式酸辣汤香料包内的香料放入研磨机中磨成细粉，挑除较大的未打碎的材料。
2. 将腰果、燕麦片、亚麻籽粉、打碎的泰式酸辣香料细粉2茶匙放入食物料理机中，搅打细碎。
3. 接着加入酱油、枫糖浆、饮用水20克，继续搅打至整体混合均匀，用手指轻捏时，面团能黏结在一起；若质地偏干，可再加少许饮用水搅打，来调整湿度。
4. 用量匙的汤匙挖取1平匙的面团压实。
5. 取出，用手搓成圆球状，排在平盘上。重复上述步骤至材料用完。
6. 表面一一裹上腰果碎即可享用；也可放入密封盒中冷藏20分钟再享用，口感会更加扎实。

保存方法

放入保鲜盒中加盖密封，冷藏可保存4～5天，冷冻约2周。

小贴士

- **酱油：**市面上大多数的酱油是用小麦产物发酵，所以可能含有麸质，对麸质过敏的朋友选购时须特别留意。

黑芝麻司康
Black Sesame Scones

不同于用面粉制作的司康，这款司康主要使用生荞麦粉与燕麦粉制作，再加上黑芝麻，让整体散发着淡淡的芝麻与谷物香气，也让滋味更耐人回味。另外这款司康使用的是椰子油而非奶油，做法更简单，更不容易失败。

分量 6个

材料

生荞麦粉 75克
燕麦粉 75克
泡打粉 1/2汤匙
蔗糖 30克
盐 1/8茶匙
黑芝麻 10克
椰子油 30克
椰浆 50克

做法

1. 预热烤箱，温度设为175℃；烤盘内铺烘焙纸或烘焙烤垫备用。
2. 将生荞麦粉、燕麦粉、泡打粉、蔗糖、盐、黑芝麻放入同一大碗中，用叉子搅拌均匀。
3. 接着加入融化的椰子油和椰浆，继续搅拌均匀，再用手将材料按压成团。
4. 面团的上下各垫1层烘焙纸，用擀面棍擀成约1.5厘米厚的圆形。
5. 用刀子切分成6等份的三角形面团，等距排列于烤盘上。
6. 放入预热好的烤箱中烘烤18～20分钟，至表面干燥，呈金黄色即可出炉，连同烤盘一起置于网架上放凉即可。

保存方法

放入保鲜盒中加盖密封，室温约可保存1周，冷藏约2周。

小贴士

- **椰浆：**又称椰奶，最常见的是用于调整咖喱辣度的400毫升罐装，脂肪含量约为20%，请勿使用直接饮用的椰奶饮料。

迷迭香脆饼
Rosemary Crackers

迷迭香有着明显的独特香气。新鲜迷迭香在烤熟之后，类似松香的风味会转为香甜，非常适合融入烘焙做成硬脆的饼干。这里使用的是干燥迷迭香，香气比新鲜的淡一些，可依个人喜好调整迷迭香的使用分量。

分量 12片（边长约3厘米正方形）

材料

生糙米粉 50克
杏仁粉 50克
亚麻籽粉 2汤匙
泡打粉 1/2茶匙
大蒜粉 1/4茶匙
干燥迷迭香 1汤匙
盐 1/4茶匙
枫糖浆 1茶匙
冷压初榨橄榄油 20克
冰水 22克
粗盐（表面装饰用）少许
冷水（可省略）1～2茶匙

做法

1. 预热烤箱，温度设为175℃。
2. 将生糙米粉、杏仁粉、亚麻籽粉、泡打粉、大蒜粉、迷迭香、盐放入同一大碗中，用叉子搅拌均匀。
3. 接着加入枫糖浆、橄榄油与冰水，搅拌混合均匀，用手将材料按压成团。若面团偏干，可再添加1～2茶匙的冷水搅打，来调整湿度。
4. 面团的上下各垫1张烘焙纸，用擀面棍将面团擀成约0.3厘米厚的长方形面皮。
5. 用锋利的刀或披萨滚刀切割出长、宽约3厘米的方块，在表面均匀撒上粗盐。
6. 放入预热好的烤箱中烘烤15～18分钟，至饼干表面干硬即可出炉。
7. 连同烤盘移至网架上放凉后，再沿切线将饼干分开即可。

保存方法

放入保鲜盒中加盖密封，室温约可保存1周，冷藏约2周。

小贴士

- **粗盐：**可以选用“盐之花”（Fleur de Sel），也可以选用类似大小，比一般食盐颗粒再稍微大一些的盐。

藜麦种子脆块

Quinoa Multi-seed Flapjack

嘴馋，想吃小点心的时候，这款藜麦种子脆块就是最佳解馋点心之一。它不仅香脆，也富含蛋白质、矿物质等营养元素，让人身心都感到满足。

分量 8块（约长7厘米×宽5厘米）

模具 10寸长方形烤盘（内底长22厘米×宽13.5厘米）1个

材料

燕麦粉 30克
葵花子 100克
南瓜子 30克
白藜麦 45克
白芝麻 30克
黑芝麻 5克
葡萄干 50克
亚麻籽粉 14克
盐 1/2茶匙
肉桂粉 1茶匙
椰子油 2汤匙
枫糖浆 70克

做法

1 预热烤箱，温度设为175℃；烤盘内铺上烘焙纸或烘焙烤垫备用。

2 将椰子油和枫糖浆以外的全部材料，放入同一大碗中，用硅胶刮刀混合拌匀。

3 接着加入融化的椰子油、枫糖浆，搅拌至均匀。

4 将步骤3的材料倒入烤盘中，用硅胶刮刀将材料用力压平，再用锋利的刀切分成8个长方块。

5 放入预热好的烤箱中烘烤20~25分钟，至表面金黄，用手指触摸表面是干燥的，即可取出，连同烤盘一起置于网架上放凉即可。

保存方法

放入保鲜盒中加盖密封，冷藏约可保存2周。

小贴士

- **白藜麦**：因为藜麦颗粒非常小，自行清洗容易浪费掉不少，因为建议最好可以使用包装前已经清洗过的白藜麦比较方便。

黑糖姜味饼干
Brown Sugar Ginger Cookies

黑糖和姜不仅能拿来煮姜茶，也可以变成一道风味独特的点心。配方不用面粉，而是使用杏仁粉、燕麦粉、生糙米粉，让这款饼干不仅保有酥脆的口感，同时也增加了丰富的营养。

分量 10片（直径约4厘米）

材料

杏仁粉 40克
燕麦粉 45克
生糙米粉 40克
黑糖 35克
泡打粉 1/2茶匙
盐 1/8茶匙
姜粉 1茶匙
肉桂粉 1/4茶匙
椰子油 30克
冰水 10克+少许（可省略）

做法

1 预热烤箱，温度设为175℃；烤盘铺上烘焙纸或烘焙烤垫备用。

2 将除了椰子油和冰水以外的全部材料，放入同一大碗中，用硅胶刮刀混合拌匀。

3 接着加入融化的椰子油与冰水10克搅拌均匀后，用手按压成团。若质地偏干，可加入少许水调整湿度，至可黏结成团的程度。

4 用量匙的汤匙挖取1平匙的材料压实，取出，用手搓成圆球状；排入烤盘时须预留间隔，重复上述步骤至材料用完。

5 用手掌按压成扁圆形，每片须保持等距间隔。

6 放入预热好的烤箱中烘烤12~15分钟，至表面金黄，用手指触摸时表面干燥即可出炉，连同烤盘一起置于网架上放凉即可。

保存方法

放入保鲜盒中加盖密封，室温约可保存2周。

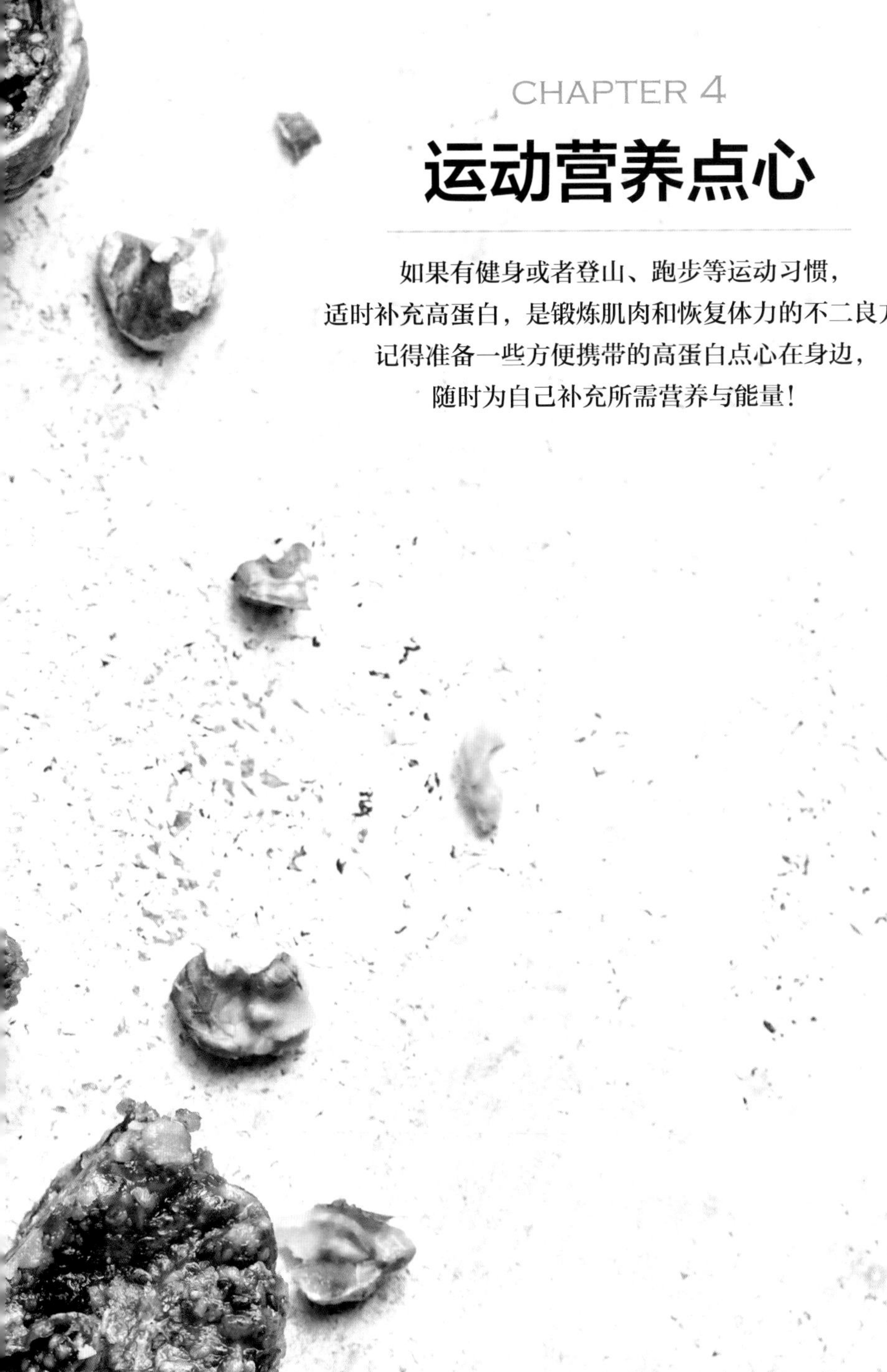

CHAPTER 4

运动营养点心

如果有健身或者登山、跑步等运动习惯，
适时补充高蛋白，是锻炼肌肉和恢复体力的不二良方。
记得准备一些方便携带的高蛋白点心在身边，
随时为自己补充所需营养与能量！

甜菜根芝麻能量球 免烤

Beetroot Sesame Energy Balls

甜菜根有着自然的甜味，加上带有大地风味的中东芝麻酱，以及熟核桃、燕麦片、椰枣等食材的加持，让这款点心成为自然甜，却又滋味独特的能量球。此外，甜菜根富含铁、镁、叶酸，具有抗氧化特性，是运动前后都很适合摄取的食物。

中东芝麻酱（Tahini）

是由白芝麻磨制而成的酱，但是它的滋味和传统的白芝麻酱非常不一样。它的风味没有那么强烈，而是偏向坚果的原始香气，单吃会有一点点微苦，同时带有大地的滋味，除了能制作酱料，也很适合融入烘焙，作为坚果酱的替代品。可以通过网购或进口超市购得。

1
3
4
5

甜菜根芝麻能量球

分量 12颗（直径约2.5厘米）

材料

新鲜甜菜根（刨丝净重）60克
去核椰枣 60克
熟核桃 60克
传统燕麦片 40克
中东芝麻酱 2茶匙
椰蓉 2汤匙
熟白芝麻 2汤匙

做法

1 将甜菜根用刨丝器刨成粗丝。

2 将去核椰枣放入食物料理机中，搅打至细碎。

3 接着加入熟核桃、燕麦片、甜菜根丝、中东芝麻酱、椰蓉，继续搅打混合至均匀。

4 用量匙的汤匙挖取1平匙的材料压实，取出，用手搓成圆球状。重复上述步骤至材料用完。

5 熟白芝麻放入小碗中，将能量球分别放入碗中滚动，使表面裹上1层白芝麻。

6 能量球可直接享用，也可放入密封盒中冷藏20分钟再享用，口感会更加扎实。

保存方法

放入保鲜盒中加盖密封，冷藏可保存3～4天，冷冻约2周。

小贴士

- **甜菜根**：甜菜根在一般传统市场或有机食品店就能买到，一般须要冷藏保存。将甜菜根洗净去皮后，切块或切丝即可使用。

花生酱燕麦饼干

Peanut Butter Oatmeal Cookies

作为花生酱爱好者，每天不吃几片花生酱饼干总觉得浑身不对劲，而这款花生酱燕麦饼干就是其中之一。它有着浓浓的花生酱滋味，同时结合燕麦片的营养与丰富膳食纤维，吃起来不仅美味满足，也很有饱腹感。

分量 13～15片（直径约6厘米）

材料

亚麻籽粉 1汤匙
水 2汤匙
椰子油 24克
纯花生酱 90克
枫糖浆 30克
椰糖 20克
天然香草精 1/2茶匙
传统燕麦片 110克
燕麦粉 20克
杏仁粉 25克
盐 1/8茶匙
泡打粉 1/4茶匙
熟花生仁片 2汤匙

做法

1. 预热烤箱，温度设为175℃；烤盘内铺烘焙烤垫或烘焙纸备用。
2. 将亚麻籽粉与水放入小碗中，混合均匀后静置备用。
3. 将融化的椰子油放入大碗中，加入花生酱、枫糖浆、椰糖、香草精混合拌匀，再加入步骤2的亚麻籽液拌匀。
4. 将燕麦片、燕麦粉、杏仁粉、盐、泡打粉依次加入，混合拌匀。再将略微切碎的熟花生片加入拌匀，可保留少许用于最后表面点缀。
5. 接着用量匙的汤匙挖取1尖匙的材料压实，取出，用手搓成圆球状；排入烤盘时须预留间隔，重复上述步骤至材料用完。
6. 用手压扁至0.5厘米厚，每个间隔至少1厘米，烘烤时才能受热均匀。
7. 放入预热好的烤箱中烘烤20～25分钟，至饼干摸起来稍硬即可出炉，连同烤盘置于网架上放凉即可。

保存方法

放入保鲜盒中加盖密封，室温约可保存2周。

小贴士

- **纯花生酱：**为了达到最佳的口感，建议使用无添加油的纯花生酱；成分中含少许盐的花生酱也可以，但记得要省略食谱配方中的盐。

considerable power, and Ms. Aung
tread carefully. But that is no excuse for her ridiculous
accusation last week that international aid groups were

高蛋白奇亚籽燕麦杯 免烤

High Protein Chia Overnight Oats

运动健身之后，肌肉纤维会受到损伤，而蛋白质就是运动后修复肌肉最重要的营养素，同时也是能让我们感到饱足的重要角色。这款燕麦杯结合了富含蛋白质的奇亚籽、豆腐、豆浆还有花生酱，不仅美味，也能让饥肠辘辘的你格外满足。

分量 2杯（1杯约200毫升）

材料

嫩豆腐（沥干水分）80克
无糖豆浆 200毫升
奇亚籽 4汤匙
传统燕麦片 50克
纯花生酱 20克
枫糖浆 30克
肉桂粉 1/4茶匙
饮用水 适量
香蕉（切片）1根
冷冻或新鲜蓝莓 4汤匙

自选配料：
水果 适量
枫糖浆 适量
麦片 适量

做法

1. 将嫩豆腐、豆浆放入食物破壁机或果汁机中，搅打混合至顺滑。
2. 将奇亚籽、燕麦片、花生酱、枫糖浆和肉桂粉放入500毫升的密封罐中，用汤勺搅拌均匀。
3. 加盖放入冰箱冷藏一晚，或至少5小时。
4. 从冰箱中取出，视个人喜好添加适量饮用水拌匀，调整浓稠度。
5. 用汤勺挖取奇亚籽燕麦，分别放入2个200毫升的密封罐中，放入约一半的量时加入香蕉片，再加入剩余的奇亚籽燕麦，最后放上蓝莓即可。也可视个人喜好再添加水果、枫糖浆、麦片等一起享用。

保存方法

放入保鲜盒中加盖密封，冷藏可保存4～5天。

黑糖黄豆粉能量球 免烤

Brown Sugar Roasted Soy Balls

富含蛋白质，带有烘烤香气的熟黄豆粉，以及甜味深浓不腻的黑糖蜜，让这款双重组合的黑糖黄豆粉能量球，就像一道简单纯朴的和果子。不过我还添加了多种坚果，让蛋白质含量更为丰富，喜爱日式点心的朋友们绝对不能错过。

分量 16～18颗（直径约3厘米）

材料

熟杏仁粒 70克
即食燕麦片 60克
熟核桃 70克
亚麻籽粉 2汤匙
盐 1/4茶匙
熟黄豆粉 4汤匙
黑糖蜜 4汤匙
饮用水 2茶匙

裹面：
熟黄豆粉 2汤匙
黑糖粉 2汤匙

做法

1 将熟杏仁、即食燕麦片、熟核桃、亚麻籽粉、盐以及黄豆粉，全部放入食物料理机中，搅打至大略切碎即可。

2 继续加入黑糖蜜、饮用水搅打至均匀，用手指按压至可成团。

3 接着用量匙的汤匙挖取1平匙的材料压实，取出，用手搓成圆球状。重复上述步骤至材料用完。

4 将黄豆粉与黑糖粉各放在1个小碗中，将一半的能量球分别裹上黄豆粉，一半分别裹上黑糖粉，或视个人喜好选择1种。

5 能量球可直接享用，也可放入密封盒中冷藏20分钟再享用，口感会更加扎实。

保存方法

放入保鲜盒中加盖密封，冷藏可保存4～5天，冷冻约2周。

小贴士

● **熟核桃：**若食谱中没有特别强调，基本上用任何形状（1/8、1/2、整粒）的核桃都可以。

花生椰子块
Peanut Coconut Squares

如果喜爱花生酱的浓郁滋味，那么一定会爱上这款入口即化的花生椰子块。花生的蛋白质含量高，美味之余也能补充运动后急需的热量，增加饱足感。因为它的口感非常酥松，拿取的时候也要特别小心，不然很容易松散开来。

椰子细粉（Coconut Flour）

它是晒干椰肉打成的细粉，和一般常用的椰蓉（椰子粉）不同。它的质地非常特别，如面粉般细致，吸水性也很强，而就是这样独特的食材特性，使这款花生块能有入口即化的口感。椰子细粉也经常被运用在一些无麸质或是免烤的食谱中，我也会拿它来做饼干和点心球。目前椰子细粉可在一些烘焙店、进口超市或是网络商店购得。

2
3
4
6

花生椰子块

分量 4块（约长7厘米×宽4厘米）
模具 6寸长方形模（内底长15厘米×宽7厘米）1个

材料

纯花生酱 90克
椰糖 20克
椰子油 24克
燕麦粉 25克
杏仁粉 12克
椰子细粉 16克
泡打粉 1/4茶匙

表面装饰：
70%黑巧克力 50克
熟花生片（略切碎）
1汤匙+1/2汤匙

做法

1 预热烤箱，温度设为175℃；模具内铺上烘焙纸备用。

2 将花生酱、椰糖、融化的椰子油放入大碗中，用叉子混合拌匀。

3 接着加入燕麦粉、杏仁粉、椰子细粉，筛入泡打粉，搅拌至整体质地均匀。

4 将步骤3的材料舀入模具中，用硅胶刮刀均匀压平，放入预热好的烤箱中烘烤25～30分钟，至表面质地干燥即可出炉，置于网架上至完全放凉。

装饰表面：

5 将黑巧克力以隔水加热的方式融化，淋在步骤4花生块的表面，轻轻摇晃使巧克力均匀铺平。

6 将花生碎均匀撒在表面，直接放入冰箱冷藏约15～20分钟，至饼干摸起来稍硬且巧克力凝固，即可取出脱模。

7 准备1把够长的刀子，将花生方块平均切成4块即可。

保存方法

放入保鲜盒中加盖密封，冷藏约可保存5天，冷冻约2周。

番茄胡椒脆饼
Tomato Black Pepper Crackers

想来点咸香、酥脆，又别具风味的饼干吗？这款结合番茄干的胡椒脆饼，就是绝佳的选择。它使用了富含维生素的生荞麦粉，同时结合杏仁粉与葵花子，除了过瘾，更是营养满满。吃腻市售口味能量棒的各位，从此也有更多不同风味和口感的选择！

分量 16片

材料

生荞麦粉 40克
杏仁粉 24克
葵花子 70克
干燥牛至 1/2茶匙
干燥百里香叶 1/4茶匙
洋葱粉 1/4茶匙
盐 1/4茶匙
蔗糖 1/2茶匙
现磨粗粒黑胡椒 1/4茶匙
油渍番茄干（沥干）2片
冷压初榨橄榄油 1/2汤匙
冰水 2汤匙

做法

1. 预热烤箱，温度设为175℃。
2. 将生荞麦粉、杏仁粉、葵花子、干燥牛至、干燥百里香叶、洋葱粉、盐和蔗糖，全部放入食物料理机中，搅打至混合均匀。
3. 接着加入现磨黑胡椒，并将油渍番茄干切成小块后加入，继续搅打至番茄干变得细碎。
4. 将步骤3的材料移入大碗中，加入橄榄油与冰水，用叉子混拌均匀后，用手按压成团。
5. 面团的上下各垫1张烘焙纸，用擀面棍擀成约0.3厘米厚的长方形面皮。
6. 用锋利的刀或披萨滚刀先切割出2条对角线，再从中心点切十字线，接着再切菱形线，就能轻松切割出16片三角面皮（请见左下图说明）。
7. 将面皮排入烤盘，放入预热好的烤箱中烘烤12～15分钟，至饼干表面脆硬。出炉后连同烤盘移至网架上放凉，再沿切线将饼干分开即可。

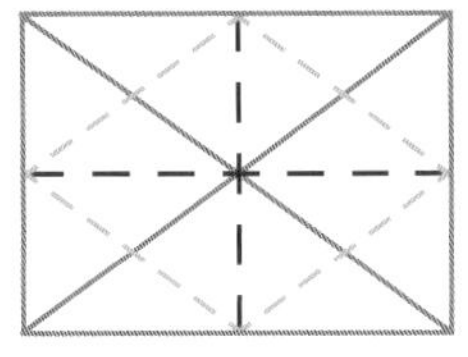

切割顺序：
1 灰线⇨ 2 红线⇨ 3 绿线

保存方法

放入保鲜盒中加盖密封，室温约可保存1周。

薄荷柠檬能量球 免烤

Pepper Mint Lemon Energy Balls

觉得能量球的口味普遍都太浓重，容易腻的人，这款滋味清爽酸香的能量球值得一试。利用带有清爽香气与滋味的薄荷，再加上酸甜的黄柠檬，让这款能量球不仅有着迷人的坚果香气，同时也赋予它百吃不腻的酸甜清爽风味。

分量 10颗（直径约3厘米）

材料

去核椰枣干 60克
熟腰果 50克
熟杏仁 50克
枫糖浆 2茶匙
新鲜黄柠檬皮屑 2茶匙
天然食用薄荷精 1/4茶匙
奇亚籽 1茶匙

裹面：
椰蓉 4汤匙
新鲜黄柠檬皮屑 4茶匙

做法

1 将去核椰枣干、熟腰果、熟杏仁放入食物料理机中，搅打至细碎。

2 接着加入枫糖浆、新鲜黄柠檬皮屑、食用薄荷精、奇亚籽，继续搅打至全部材料质地均匀，用手指可捏成团。

3 用量匙的汤匙挖取1平匙的材料压实，取出，用手搓成圆球状。重复上述步骤至材料用完。

4 将椰蓉与新鲜黄柠檬皮（裹面用）放入同一碗中拌匀，分别将能量球放入碗中滚动，至表面均匀裹上材料即可。

5 能量球可立即享用，也可放入密封盒中冷藏20分钟再享用，口感会更加扎实。

保存方法

放入保鲜盒中加盖密封，冷藏可保存4~5天，冷冻约2周。

小贴士

● **新鲜黄柠檬皮：**相较于绿色的柠檬，黄柠檬的味道较为温和香甜，因此较适用于这道食谱。

高蛋白鹰嘴豆布朗尼
High Protein Chickpea Brownies

鹰嘴豆，俗称“雪莲子”，富含蛋白质且营养丰富，是百变的食材。鹰嘴豆煮熟除了可直接食用，也能融入点心做成布朗尼，而且最后的成品保证尝不出任何的豆味，就像一般布朗尼一样湿润美味！

分量 6块（约长5厘米×宽3.5厘米）
模具 6寸长方形模（内底长15厘米×宽7厘米）1个

材料

煮熟鹰嘴豆 120克
纯花生酱 60克
枫糖浆 60克
天然香草精 1/2茶匙
杏仁粉 24克
可可粉 14克
小苏打粉 1/8茶匙
泡打粉 1/4茶匙
盐 1/4茶匙
55%~70%黑巧克力豆 4汤匙

做法

1 预热烤箱，温度设为175℃；模具内垫烘焙纸备用。

2 将煮熟鹰嘴豆、纯花生酱、枫糖浆、香草精放入食物料理机中，搅打至质地尽可能均匀顺滑。搅打时须视情况暂停，将粘黏在周围的材料刮整干净，以确保全部材料都能搅拌均匀。

3 接着加入杏仁粉、可可粉、小苏打粉、泡打粉和盐，继续搅打至材料完全混合均匀。

4 将步骤3的面糊倒入模具中，用硅胶刮刀将表面铺平，均匀撒上黑巧克力豆。

5 放入预热好的烤箱中烘烤18~20分钟，至竹签插入不会黏附面糊即可出炉。

6 连同模具置于网架上放凉，脱模后即可切块享用。

保存方法

放入保鲜盒中加盖密封，冷藏可保存3~4天，冷冻约2周。建议食用前用烤箱以160℃烤5~10分钟回温，口感会较松软。

全植物芝士马铃薯条
Potato Wedges with Vegan Cheese Sauce

运动过后适量地补充碳水化合物，有助于快速恢复体力。马铃薯是提供热量的碳水化合物的绝佳来源，而这款加了全植物芝士酱的马铃薯条，丰富的滋味让人爱不释口。而这款芝士酱也很适合作为油炸食品的蘸酱或是淋酱。

马铃薯

马铃薯非常美味，制作薯条最好选择粉质马铃薯（黄皮或白皮，有斑点），才有绵密的口感。马铃薯的皮很薄，可以洗干净，不削皮，直接连皮料理，这样不仅少了厨余垃圾，也能摄取到马铃薯皮上的丰富营养。

1
4
5
6

全植物芝士马铃薯条

分量 约600克

材料

马铃薯条：
马铃薯 600克
冷压初榨橄榄油 1/2汤匙
盐 1/4茶匙
粗粒黑胡椒 1/4茶匙
意大利香料粉 1/2茶匙

全植物芝士酱：
生腰果 35克
马铃薯（去皮切丁）100克
红薯（去皮切丁）100克
大蒜粉 1茶匙
洋葱粉 1/2茶匙
无糖苹果醋 1茶匙
盐 1/4茶匙
营养酵母粉 10克
法式芥末酱 1/2茶匙
热开水 60克

做法

1 将制作芝士酱用的生腰果浸泡饮用水3～6小时，再用饮用水稍微清洗后沥干备用。

制作马铃薯条：

2 预热烤箱，温度设为180℃；烤盘内垫烘焙纸或烘焙烤垫备用。

3 马铃薯切成约1厘米厚的楔形，放入大盆中，加入橄榄油、盐、黑胡椒、意大利香料粉，用手将调味料混拌抓匀。

4 将马铃薯条保持间隔平铺在烤盘上，放入预热好的烤箱中烘烤30～40分钟，至马铃薯条外酥内软，即可出炉。

制作全植物芝士酱：

5 烤马铃薯的同时，煮一小锅水，水滚后将马铃薯丁与红薯丁放入锅中，煮约10分钟，至马铃薯用叉子可轻易插入。

6 将马铃薯丁与红薯丁捞起沥干，放入食物破壁机的杯中，再加入沥干的生腰果与其余芝士酱食材，搅打混合至整体质地均匀，中途须视情况停下来，将粘黏在周围的材料刮干净，以免无法打匀。若有料理棒，建议搭配使用。

7 将打好的芝士酱放入酱料碗中，搭配刚出炉的马铃薯条趁热享用。

保存方法

将马铃薯条与芝士酱分别密封保存。马铃薯条冷藏可保存3～4天。食用前再用烤箱以165℃烤约10分钟。芝士酱冷藏约可保存7天，食用前用微波炉加热，或是放入锅中，加一点饮用水，用小火边煮边搅拌至理想温度。

小贴士

- **意大利香料粉：**如果没有意大利香料粉，也可以选择其他香料，例如百里香或欧芹，变换出各种不同的风味。

抹茶鹰嘴豆饼干面团球 免烤

Matcha Chickpea Cookie Dough

饼干面团（Cookie Dough）是常见的西式点心。这次特别加入鹰嘴豆，使口感更绵密，也提升了整体的蛋白质含量，让你在品尝时更有饱腹感。在没有时间好好吃早餐时，这款点心也能补充满满的能量。

分量 12～14颗（直径约3厘米）

材料

煮熟鹰嘴豆 140克
去核椰枣 40克
花生酱或坚果酱 30克
枫糖浆 20克
天然香草精 1/4茶匙
燕麦粉 40克
抹茶粉 2茶匙
盐 1/8茶匙
50%～70%黑巧克力豆 25克+50克

做法

1 准备1个可冷冻的容器或烤盘，铺上烘焙纸备用。

2 将煮熟鹰嘴豆、去核椰枣、花生酱、枫糖浆以及香草精放入食物料理机中，搅打混合至椰枣大略切碎。

3 继续加入燕麦粉、抹茶粉和盐搅打均匀，直到用手指按压可捏成团，质地有一点湿润即可。

4 将料理机的刀片取出，加入黑巧克力豆25克，用硅胶刮刀混拌均匀。

5 接着用量匙的汤匙挖取1平匙的材料压实，取出，用手搓成圆球状，排入平盘中。重复上述步骤至材料用完。

6 将步骤5的圆球放入冰箱，冷冻20～30分钟至其变硬。

7 将黑巧克力豆50克以隔水加热方式融化，粘裹或淋在表面即可享用。

保存方法

放入保鲜盒中加盖密封，冷藏可保存4～5天，冷冻约2周。

小贴士

- **煮熟鹰嘴豆：** 可以用自己煮的鹰嘴豆，也可以用市售的鹰嘴豆罐头，将液体沥干，稍微冲洗后再使用。

无花果核桃能量棒 免烤

Fig Walnut Energy Bars

无花果干的膳食纤维含量丰富，而且富含维生素和矿物质，很适合运动流汗后补充营养。它酸酸甜甜的风味除了直接品尝，也可以结合其他食材，变化成不同风味的点心，而这款能量棒就是最佳的例子之一！

无花果干

酸甜的无花果干不仅美味，它也富含膳食纤维，同时提供多种矿物质与维生素。建议制作时，选用软硬度较合适，质地湿润的无花果干。

1
3
4
5

无花果核桃能量棒

分量 6条（约长7厘米×宽2.5厘米）
模具 6寸长方形模（内底长15厘米×宽7厘米）1个

材料

无花果干 50克
去核椰枣干 40克
熟葵花子 20克
熟核桃 40克
奇亚籽 1汤匙
椰蓉 10克
椰子油 1/2汤匙
饮用水 1茶匙

装饰：
无花果干 40克

做法

1 将无花果干、去核椰枣干放入食物料理机，大略切碎。

2 接着加入熟葵花子、熟核桃、奇亚籽、椰蓉，搅打至混合均匀。

3 再加入融化的椰子油与饮用水，搅打至材料能稍微黏结成团。

4 模具内铺上烘焙纸，再将步骤3的材料舀入模具中，用硅胶刮刀按压使材料紧实黏结在一起。

5 将装饰用无花果干切出剖面，每颗大略切成3片，平均分散摆放在能量棒表面，并轻压。

6 将模具放入冰箱，冷冻约15分钟后取出，切分成6等份的长条状即可。

保存方法

放入保鲜盒中加盖密封，冷藏可保存4～5天，冷冻约2周。

双倍巧克力能量球 免烤

Double Chocolate Energy Balls

这道巧克力能量球结合了可可粉与可可脂两种不同的可可成分，制作出最接近可可本身风味的点心。如果你也跟我一样是巧克力爱好者，千万别错过了！

分量 10颗（直径约3厘米）

材料

去核椰枣 80克
熟碧根果 40克
传统燕麦片 45克
未碱化可可粉 1汤匙
可可脂 1汤匙
杏仁酱或花生酱 15克
55%～70%黑巧克力豆 20克

做法

1 将去核椰枣放入食物料理机中，搅打成细碎小块。

2 接着放入碧根果、燕麦片、可可粉，继续搅打至均匀。

3 用硅胶刮刀将料理机内的材料整理刮匀，再加入隔水加热融化的可可脂、杏仁酱，继续搅打至全部材料混合均匀，直到用手指按压可捏成团。

4 继续加入黑巧克力豆，以点动（Pulse）功能将巧克力豆混入材料中。

5 接着用量匙的汤匙挖取1平匙的材料压实，取出，用手搓成圆球状。重复上述步骤至材料用完。

6 将能量球放入冰箱冷藏20分钟，即可取出享用。

保存方法

放入保鲜盒中加盖密封，冷藏可保存4～5天，冷冻约2周。

小贴士

- **杏仁酱或花生酱：**2种酱都能替换使用，但因为花生酱本身的味道比较浓重，如果使用花生酱的话，成品会有较明显的花生酱风味。

高蛋白可可花生块 免烤

High Protein Cacao Peanut Butter Squares

想来点甜点般的高蛋白点心吗？这道高蛋白可可花生块绝对能满足你的需求！结合植物蛋白粉和蛋白质含量高的花生酱，加上苦甜的可可表层，补充能量之余，也能让你的心灵获得抚慰。

植物蛋白粉

市售蛋白粉经常含有牛奶或其他动物性制品，可用植物基或是素食这2个关键词来判断是否为全植物性。如果没有植物蛋白粉，也可以用燕麦粉取代，但口感会稍有不同，使用燕麦粉时会有嚼劲一些。此外，不同品牌的植物蛋白粉甜度也不一，因此建议可以在制作到一半，尚未成形时先试吃一下，依个人口味再适度增加椰枣来调整甜度。

2
3
5
6

高蛋白可可花生块

分量 8块（顶面为边长约4厘米正方形）
模具 8寸加大长方形模（内底长19厘米×宽9厘米）1个

材料

去核椰枣 125克
纯花生酱 180克
奇亚籽 15克
植物蛋白粉 30克
盐 1/8茶匙
未碱化可可粉 3克
熟核桃 60克

表层：
可可脂 24克
可可粉 8克
枫糖浆 10克

做法

1 将去核椰枣放入食物料理机中切成细碎状，再加入纯花生酱继续搅打混合至均匀。

2 接着加入奇亚籽、植物蛋白粉、盐、可可粉，搅打混合至无粉粒。搅打时须视情况暂停，将粘黏在周围的材料刮整干净，以确保全部材料都搅拌均匀。

3 最后加入熟核桃，以点动（Pulse）功能将核桃混入材料中。

4 模具内铺上烘焙纸后，倒入步骤3的材料，用硅胶刮刀压实、压紧，即可放入冰箱冷冻备用。

制作表层：

5 将可可脂以隔水加热的方式融化，之后移离热源，加入可可粉与枫糖浆，用叉子搅拌混合均匀。

6 取出事先冷冻的模具，将融化混合好的巧克力液倒上蛋白棒表层，再快速摇晃转动烤盘，使巧克力液能均匀平铺于表面。

7 将模具直接放入冰箱冷冻30分钟，再取出脱模，用锋利的刀分切成8个顶面边长约4cm的方块即可。

保存方法

放入保鲜盒中加盖密封，冷藏可保存4~5天，冷冻约2周。

CHAPTER 5

重磅能量甜点

想试着将咖啡馆里的点心，
也变成充满能量的甜点吗？
用料毫不手软的甜点将要华丽变身，
等你来品尝这极致的美味！

南瓜巧克力布朗尼

Pumpkin Chocolate Brownies

南瓜虽然属于蔬菜，但有自然甜味，打成泥也很适合融入烘焙类的点心之中。这款巧克力布朗尼就是美味的南瓜点心代表之一！而我的灵感来自于一位英国烘焙师，将南瓜泥加入巧克力蛋糕中，尝试后发现，二者果真合适！

南瓜泥

可以用市售罐头装的纯南瓜泥，或者自己制作。将南瓜洗净，切半后挖除南瓜子，烤盘铺上烘焙纸，将南瓜剖面朝下，放入预热至180℃的烤箱中，烘烤40~50分钟至南瓜肉熟软；用汤勺挖出南瓜肉，放入食物料理机打成南瓜泥，待凉后即可使用。

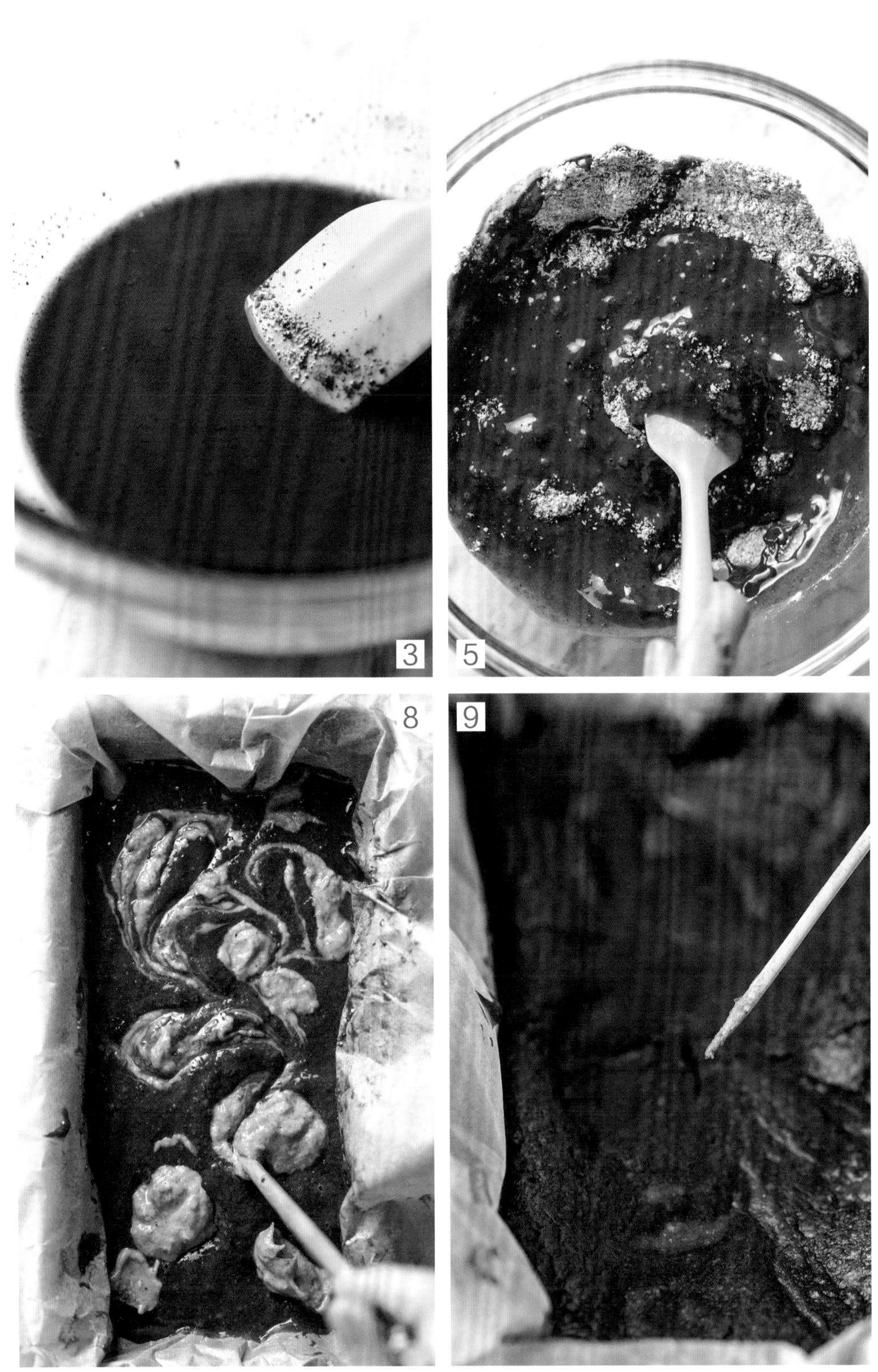
3
5
8
9

南瓜巧克力布朗尼

分量 8块（顶面为边长约4厘米正方形）
模具 8寸加大长方形模（内底长19厘米×宽9厘米）1个

材料

巧克力面糊：
燕麦粉 45克
杏仁粉 22克
玉米淀粉 1汤匙
泡打粉 1/2茶匙
小苏打粉 1/4茶匙
盐 1/4茶匙
南瓜派香料粉 1/4茶匙
椰糖 40克
70%黑巧克力豆 40克
开水 75克
天然香草精 1/2茶匙
杏仁酱 50克
椰子油 30克
南瓜泥 60克
植物奶 60克

南瓜面糊：
南瓜泥 60克
杏仁酱 1汤匙
南瓜派香料粉 1/4茶匙

做法

1 预热烤箱，温度设为175℃；模具内铺上烘焙纸备用。

制作巧克力面糊：

2 将燕麦粉、杏仁粉、玉米淀粉、泡打粉、小苏打粉、盐、南瓜派香料粉以及椰糖，放入大碗中，用硅胶刮刀混拌均匀。

3 于另一个碗中放入黑巧克力豆，倒入开水，静置约1分钟，再用硅胶刮刀混拌至巧克力完全融化。

4 将香草精、杏仁酱、融化的椰子油、南瓜泥和植物奶加入融化的巧克力中，混合均匀。

5 将步骤4的巧克力南瓜糊加入步骤2的干料碗中，将全部材料搅拌成为均匀面糊。

6 将面糊倒入模具中，轻振几下使面糊分布均匀，静置备用。

制作南瓜面糊：

7 将南瓜泥、杏仁酱、南瓜派香料粉放入同一小碗中，搅拌均匀。

8 将面糊间隔地滴在布朗尼面糊表面，再用1支筷子画小圈，制造漩涡图样。

9 放入预热好的烤箱中烘烤28～30分钟，至竹签插入布朗尼中心，取出无湿面糊黏附即可出炉。

10 连同烤模置于网架上放凉后，直接脱模切块即可享用，或者冷藏1～2小时后再享用。

保存方法

放入保鲜盒中加盖或大塑胶袋中密封，冷藏约可保存3～4天，冷冻约2周。

小贴士

- **南瓜派香料粉（Pumpkin Pie Spice）：**是一种特别为南瓜派调配的混合香料，通常包含肉桂粉、姜粉、丁香粉与肉豆蔻粉。没有的话，可用肉桂粉替代。

夏威夷果沙布雷酥饼
Macadamia Sablé Cookies

沙布雷酥饼（Sablé）是一种法式点心，入口即化的酥松口感很令人着迷！一般的沙布雷酥饼大多由面粉和奶油制成，这次就用燕麦粉、杏仁粉还有坚果酱、可可脂，来打造它独特的酥松口感。另外我还加入了夏威夷果，为它添加满满的坚果香气！

分量 12片（直径约6.5厘米）

材料

可可脂 22克
夏威夷果仁酱或坚果酱 90克
枫糖浆 20克
蔗糖 50克
燕麦粉 78克
杏仁粉 24克
盐 1/8茶匙
泡打粉 1茶匙
小苏打粉 1/8茶匙
夏威夷果（略切碎，留约1/3较完整的颗粒装饰用）45克

做法

1. 预热烤箱，温度设为175℃；烤盘铺烘焙烤垫或烘焙纸备用。
2. 将可可脂隔水加热融化后，与夏威夷果仁酱、枫糖浆、蔗糖一起放入大碗中，用叉子混合拌匀。
3. 在另一个碗中放入燕麦粉、杏仁粉、盐、过筛的泡打粉、小苏打粉，用叉子混合拌匀。
4. 将步骤2的可可脂混合液倒入步骤3的粉料中，搅拌至大致均匀后，再加入切碎的夏威夷果（较大颗的留着点缀表面）。
5. 继续用叉子拌匀后，用手将材料按压成为均匀面团。
6. 用量匙的汤匙挖取1尖匙的面团压实，取出，搓成圆球状；排入烤盘时须预留间隔，重复上述步骤至材料用完。
7. 用手掌将面团压成厚约0.5厘米的圆形，放上预留的夏威夷果轻轻按压。
8. 放入预热好的烤箱中烘烤15～18分钟，至表面呈金黄色即可出炉，连同烤盘移至网架上，待完全冷却后享用。

保存方法

放入保鲜盒中加盖密封，室温约可保存1周，冷藏约2周。

小贴士

- **夏威夷果仁酱：**如同其他坚果酱，夏威夷果仁酱就是烤熟的夏威夷果直接打成的酱。夏威夷果仁酱在市面上尚不普遍，所以大多是自己制作，或者用杏仁酱替代。这份食谱不建议用花生酱替代，因为花生酱的味道太强烈，会盖掉夏威夷果的风味。

小豆蔻咖啡香蕉蛋糕
Banana Cake with Cardamon Coffee Frosting

咖啡和小豆蔻的味道搭配得很好，所以把它们结合在一起，再加上香蕉蛋糕，让这道甜点成为我的得意创作。这款香蕉蛋糕有着天然的香蕉甜味与香气，扎实香甜的香蕉蛋糕体，搭配有着异国风味的小豆蔻咖啡奶霜，相信绝对是你从未品尝过的滋味！

香蕉

成熟的香蕉充满自然的甜味，同时拥有泥润的质地，也时常在烘焙食谱中用来作为鸡蛋的替代品。烘焙时，建议使用最常见的香蕉，在常温下放到摸起来偏软时，很容易就能压成泥状。香蕉愈熟，甜度就愈高，蕉味也就愈明显，和肉桂、小豆蔻的风味都非常搭配。

小豆蔻咖啡香蕉蛋糕

分量 6寸4薄层圆形蛋糕1个

模具 6寸圆形分离式蛋糕模4个（或2个，做成比较厚的双层蛋糕）

材料

香蕉蛋糕：

亚麻籽粉 14克
水 90克
燕麦粉 136克
杏仁粉 120克
泡打粉 2茶匙
小苏打粉 1/2茶匙
肉桂粉 1茶匙
盐 1/4茶匙
新鲜香蕉（净重）310克
椰子油 48克
枫糖浆 80克
天然香草精 1茶匙

小豆蔻咖啡奶霜：

生腰果 140克
速溶咖啡粉 2茶匙
枫糖浆 35克
椰浆 130克
椰子油 48克
天然香草精 1茶匙
盐 1/8茶匙
小豆蔻粉 1/2茶匙

自选配料：

坚果碎 适量
香蕉 适量

准备

将生腰果浸泡于饮用水中4～6小时，也可以放入罐中，于冰箱冷藏一晚。

做法

制作小豆蔻咖啡奶霜：

1 将浸泡生腰果的水倒掉，用饮用水稍加冲洗。

2 将生腰果与其他奶霜食材全部放入食物破壁机中，搅打至整体顺滑均匀。

3 将腰果奶霜倒入密封罐中，冷藏至少4小时。

制作香蕉蛋糕：

4 预热烤箱，温度设为175℃；全部的蛋糕模底部铺烘焙纸备用。

5 将亚麻籽粉与水放入同一小碗中，拌匀后静置备用。

6 将燕麦粉、杏仁粉放入同一大碗中，再筛入泡打粉、小苏打粉、肉桂粉、盐，用硅胶刮刀混合拌匀。

7 将香蕉放入另一大碗中，用叉子压成细泥状，再加入融化的椰子油、枫糖浆、香草精、步骤5的亚麻籽液，混合拌匀。

8 将步骤7的香蕉糊倒入步骤6的干料中，混合拌匀至无粉粒。

9 接着将步骤8的面糊平均倒入蛋糕模中，将蛋糕模稍微举起再轻敲桌面，让面糊表面平整，释放出大的气泡。

10 放入预热好的烤箱中烘烤25～30分钟，至竹签插入蛋糕中心，取出不会黏附湿面糊即可出炉。

11 不脱模，直接置于网架上至完全冷却，再加盖放入冰箱冷藏至少1小时。

组合：

12 将蛋糕从冰箱取出，用蛋糕抹刀绕着蛋糕周围划1圈以便于脱模。脱模后将反面朝上置放，留1个蛋糕模备用。

13 将小豆蔻咖啡奶霜从冰箱取出，取大约1/5分量的奶霜抹在一片蛋糕上，放回预留的蛋糕模内，再放上另一片蛋糕，重复上述步骤完成5片蛋糕的堆叠，并将剩余的奶霜抹在蛋糕表面。

14 可直接切片享用，或者将蛋糕放回冰箱冷藏1～2小时，使其定形后再切片享用，也可视个人喜好再搭配坚果碎或香蕉。

保存方法

放入保鲜盒中加盖密封，冷藏约可保存3天，冷冻约2周。

小贴士

- **蛋糕模：**如果没有4个蛋糕模，也可以只用2个，制作成比较厚的双层蛋糕。

辣椒巧克力慕斯杯 免烤

Chili Chocoolate Mousse Cups

谁说辣椒只能配咸食？辣椒也能融入甜味的点心里！辣椒让这款慕斯带有一股独特的香气，而高蛋白的豆腐，让人吃起来更容易有饱腹感。做成方便携带的慕斯杯，让你无论在哪里，都像在咖啡馆一样惬意。每尝一口，活力都会更加充沛！

分量 2杯（1杯约180毫升）

材料

可可脂 40克
70%黑巧克力 45克
嫩豆腐 160克
未碱化可可粉 4汤匙
枫糖浆 30克
辣椒粉（粗粒）1/2茶匙
天然香草精 1/2茶匙
肉桂粉 1/4茶匙
盐 1/8茶匙
植物奶 120克

做法

1 嫩豆腐从盒中取出，静置于平盘上5分钟让它出水，再将水分沥干。

2 将可可脂与黑巧克力放入耐热的圆底容器中，隔水加热至融化混合。

3 将豆腐、可可粉、枫糖浆、辣椒粉、香草精、肉桂粉、盐、植物奶放入食物料理机中，搅打至材料大致混合。

4 将步骤2的可可液加入步骤3的豆腐糊中，继续用食物料理机搅打混合至整体均匀。搅打时须视情况暂停，将粘黏在周围的材料刮整干净，以确保全部材料都能搅拌均匀。

5 将步骤4的慕斯糊倒入2个200毫升玻璃罐中，加盖后放入冰箱冷藏至少1小时，至慕斯凝固即可取出享用。

保存方法

放入保鲜盒中加盖密封，冷藏可保存3～4天。

小贴士

- **嫩豆腐：**嫩豆腐是市售盒装那种可以直接食用的凉拌豆腐。豆腐很适合融入甜点中，因为它不仅能达到绵润的口感，营养价值也更高。
- 做法3和4也可以使用高性能（功率足够）的果汁机来替代食物料理机，但操作上还是食物料理机比较方便。

桂圆核桃派

Dried Longan and Walnut Pie

这道甜派是获得家人朋友肯定的美味食谱。把桂圆和核桃结合在一起，并且用椰枣与椰糖制作迷人的焦糖馅，独特的韵味令人爱不释口！

分量 7寸圆形派1个

模具 7寸加深圆形分离式派盘1个

材料

派皮：

杏仁粉 70克
燕麦粉 100克
泡打粉 1/4茶匙
黑糖 1茶匙
盐 1/4茶匙
椰子油 45克
苹果酱 30克

馅料：

桂圆肉 40克
椰浆 100克
去核椰枣 120克
椰糖 35克
枫糖浆 20克
盐 1/4茶匙
天然香草精 1/2茶匙
核桃（略切碎）60克

表面配料：

核桃（略切碎）30克
南瓜子 10克

准备

桂圆肉浸泡饮用水1小时，捞起后沥干备用。

做法

制作派皮：

1 预热烤箱，温度设为175℃；模具底部铺烘焙纸，侧面抹1层椰子油（配方分量外）备用。

2 杏仁粉、燕麦粉、泡打粉、黑糖、盐放入同一大碗中，用叉子拌匀后，加入椰子油、苹果酱拌匀至成为均匀面团。

3 将步骤2的面团移至模具内，将面团按压成为厚薄一致的派皮。

4 用叉子在底部戳一些小洞以防烘烤时鼓起，放入预热好的烤箱中烘烤12～15分钟，至底部熟透即可出炉（等待派皮烘烤时，进行步骤5制作馅料），不脱模置于网架上放凉，空烤箱继续加热。

制作馅料：

5 将椰浆、椰枣、椰糖、枫糖浆、盐放入小锅中，用中小火加热3～4分钟，至椰枣软化即熄火。

6 待步骤5材料稍凉时，倒入食物破壁机的杯中，加入香草精搅打至均匀顺滑。

7 接着倒回原本的煮锅中，加入事先泡开的桂圆肉与核桃拌匀，即可倒入烤过的派皮中（不脱模），均匀铺平。

8 表面撒上核桃碎与南瓜子，放入预热好的烤箱中烘烤25～30分钟，至馅料凝固，派皮呈金黄色，即可出炉。

9 直接置于网架上放凉，将烤好的派连同烤模用大塑胶袋或保鲜膜密封，冷藏至少3小时后再取出脱模，切片享用。

保存方法

放入保鲜盒中加盖密封，冷藏可保存4～5天，冷冻约2周。

苹果香料蛋糕
Apple Spice Cake

这款苹果蛋糕结合天然的苹果酱、肉桂粉、肉豆蔻粉、姜粉，还有椰糖的甜味，创造出让人吃不腻的香料蛋糕。里面还塞入新鲜的苹果丁，让整体的口感与滋味都更加丰富有层次。

分量 6寸蛋糕1个

模具 6寸咕咕霍夫模或圆形分离式蛋糕模1个

材料

生荞麦粉 75克
燕麦粉 17克
杏仁粉 24克
肉桂粉 1茶匙
肉豆蔻粉 1/4茶匙
姜粉 1/8茶匙
盐 1/8茶匙
椰糖 35克
泡打粉 1茶匙
小苏打粉 1/4茶匙
苹果酱 50克
杏仁奶 120克
椰子油 12克
小苹果（去皮去核切丁净重）100克

自选配料：
糖粉 适量
坚果 适量

做法

1. 预热烤箱，温度设为175℃；蛋糕模内抹1层椰子油（配方分量外）备用。
2. 将生荞麦粉、燕麦粉、杏仁粉、肉桂粉、肉豆蔻粉、姜粉、盐和椰糖，放入同一大碗中，再筛入泡打粉与小苏打粉，用硅胶刮刀混合拌匀。
3. 在另一碗中放入苹果酱、杏仁奶、融化的椰子油，用叉子混合拌匀。
4. 将步骤3的湿料加入步骤2的干料中，用硅胶刮刀混合拌匀，切勿过度搅拌，最后加入苹果丁拌匀。
5. 将步骤4的面糊倒入备好的模具中，让面糊均匀铺平。
6. 放入预热好的烤箱中烘烤25~30分钟，至竹签插入蛋糕中心，取出时没有湿面糊黏附即可出炉。
7. 将蛋糕连同烤模移至网架上放凉至少25分钟，再脱模取出。可视个人喜好撒上糖粉或坚果，切片享用。

保存方法

放入保鲜盒中加盖密封，冷藏可保存3~5天，冷冻约2周。

小贴士

- **杏仁奶：**也可以用无糖豆奶（豆浆）或其他植物奶替代。

摩卡巧克力蛋糕
Mocha Chocolate Cake with Ganache Frosting

你爱喝摩卡咖啡吗？答案是肯定的话，那你一定要试试这款摩卡巧克力蛋糕。它的蛋糕体带有咖啡微苦的风味，同时又有可可的香甜，结合浓郁的巧克力甘纳许奶霜，让每一口都是满足。这款蛋糕适合常温享用。

速溶咖啡粉

不同咖啡粉风味有些不同，建议可以挑选自己喜欢的咖啡粉来使用，我喜欢用中度烘焙的咖啡粉。如果对咖啡因较为敏感，也可以选用低咖啡因的咖啡粉来制作。咖啡粉与热水的部分，也可以用4汤匙的意式浓缩咖啡替代。

摩卡巧克力蛋糕

分量 6寸圆形双层蛋糕1个
模具 6寸圆形蛋糕模1个

材料

摩卡巧克力蛋糕：
生荞麦粉 90克
杏仁粉 24克
可可粉 24克
泡打粉 1/2汤匙
小苏打粉 1/2茶匙
盐 1/8茶匙
速溶咖啡粉 3克
热水 60克
去核椰枣 100克
鹰嘴豆水 60克
苹果酱 80克
苹果醋 2茶匙
蔗糖 50克

甘纳许奶霜：
椰浆 115克
70%黑巧克力 85克

自选配料：
坚果 适量

做法

制作摩卡巧克力蛋糕：

1 预热烤箱，温度设为180℃；蛋糕模底部铺上烘焙纸备用。

2 将生荞麦粉、杏仁粉放入同一盆中，并筛入可可粉、泡打粉、小苏打粉和盐，用叉子混合拌匀。

3 在另一小碗中放入速溶咖啡粉与热水，用叉子搅拌至融化。

4 将咖啡液、去核椰枣、鹰嘴豆水、苹果酱、苹果醋、蔗糖全部放入食物破壁机的杯中，搅打至整体均匀顺滑；搅打时须视情况暂停，将粘黏在周围的材料刮整干净，以确保全部材料都能搅拌均匀。

5 将步骤4的湿料倒入步骤2的干料中，用硅胶刮刀混合拌匀成为面糊。

6 将步骤5的面糊倒入蛋糕模中，将蛋糕模稍微举起再轻敲桌面，让面糊表面平整，释放出大的气泡。

7 放入预热好的烤箱中烘烤30～35分钟，至竹签插入蛋糕中心，取出不会黏附湿面糊即可出炉。

8 不脱模，直接置于网架上至完全冷却，再加盖放入冰箱冷藏备用。

制作甘纳许奶霜：

9 将椰浆倒入小锅中，以小火加热至小滚（约80℃）。

10 黑巧克力放入大碗中，倒入热椰浆静置1分钟，再用硅胶刮刀混拌至完全混合均匀。

11 放入冰箱冷藏20～30分钟，至其稍微凝固，但不会太硬的程度。

12 从冰箱取出，用打蛋器搅打至稍微坚挺即可，切记不要过度搅打。

组合：

13 将蛋糕从冰箱取出，将蛋糕抹刀插入蛋糕周围划1圈以便于脱模，置于盘上。

14 将甘纳许奶霜均匀抹在蛋糕上，可再视个人喜好添加坚果点缀，即可切块享用。

保存方法

放入保鲜盒中加盖密封，冷藏可保存3～5天，冷冻约2周。

小贴士

- **鹰嘴豆水：**也可以用植物奶替代，并另外增加1/8茶匙泡打粉。
- **苹果酱：**也可以用南瓜泥替代。

图书在版编目（CIP）数据

全植物健康烘焙：无蛋奶、无麸质的纯天然配方 / 许馨文著. —北京：中国轻工业出版社，2023.1
ISBN 978-7-5184-4132-7

Ⅰ. ①全… Ⅱ. ①许… Ⅲ. ①烘焙—糕点加工 Ⅳ. ①TS213.2

中国版本图书馆 CIP 数据核字（2022）第 167191 号

责任编辑：马　妍　武艺雪　　责任终审：劳国强　　整体设计：锋尚设计
策划编辑：马　妍　　责任校对：朱燕春　　责任监印：张　可

出版发行：中国轻工业出版社（北京东长安街6号，邮编：100740）
印　　刷：北京博海升彩色印刷有限公司
经　　销：各地新华书店
版　　次：2023年1月第1版第1次印刷
开　　本：787×1092　1/16　印张：10
字　　数：150千字
书　　号：ISBN 978-7-5184-4132-7　定价：68.00元
邮购电话：010-65241695
发行电话：010-85119835　传真：85113293
网　　址：http://www.chlip.com.cn
Email：club@chlip.com.cn
如发现图书残缺请与我社邮购联系调换
211388S1X101ZYW